I0484130

Материалы V международной научно-практической

конференции

Фундаментальные и

прикладные науки сегодня

30-31 марта 2015 г.

North Charleston, USA

Том 3

УДК 4+37+51+53+54+55+57+91+61+159.9+316+62+101+330

ББК 72

ISBN: 978-1511601870

В сборнике опубликованы материалы докладов V международной научно-практической конференции " Фундаментальные и прикладные науки сегодня ".

Все статьи представлены в авторской редакции.

© Авторы научных статей, н.-и. ц. «Академический»

Содержание

Содержание

Психологические науки

Содержание

Технические науки

Содержание

Филологические науки

Философские науки

Химические науки

Экономические науки

Содержание

Юридические науки

Галанина А.П.
кандидат биологических наук, Казанский (Приволжский)
федеральный университет
Anna.Galanina@kpfu.ru

ОРНИТОФАУНА СВИЯЖСКОГО ЗАЛИВА КУЙБЫШЕВСКОГО ВОДОХРАНИЛИЩА И ЕГО ОКРЕСТНОСТЕЙ, РЕСПУБЛИКА ТАТАРСТАН, РОССИЯ

Одной из важнейших экологических проблем современности является антропогенное преобразование местообитаний животных. Окрестности Свияжского залива Куйбышевского водохранилища соседствуют с городом Иннополис, строительство которого начато в июне 2012 г. и ежегодно расширяется, что значительно увеличивает силу и разнообразие антропогенного воздействия. В данной ситуации особенно актуально знание исходного состояния видового разнообразия различных групп животных, в том числе птиц. Это позволит адекватно оценить характер ущерба, наносимого подобными воздействиями.

По берегам и на акватории Свияжского залива расположен Государственный природный комплексный заказник (ГПКЗ) «Свияжский». Заказник включает ландшафтный природный комплекс левобережной заливной поймы дельты р. Свияга, междуречья р. Свияга и р. Волга и простирается от старого устья Свияги до р. Кубня. На территории и в окрестностях заказника есть и небольшие леса [1]. Данная территория отличается большой биотопической мозаичностью и включает луговые и остепненные участки, поля, малые реки (Аря, Бува, Кубня, Сулица), старицы, леса, лесополосы. Наибольшее значение для птиц имеют водно-болотные угодья и обширная акватория Свияжского залива.

Материал собран в вегетационные периоды 2002-2011 гг. в 47 биотопах. Маршрутные учеты птиц проводили без ограничения ширины трансекты. За время учета регистрировали всех птиц, независимо от расстояния до них, с последующим пересчетом полученных данных на площадь по среднегрупповым дальностям обнаружения [5]. При описании распределения видов принята шкала балльных оценок по методике А. П. Кузякина [4]. Видовые названия птиц приведены по Е.А. Коблику [2].

Всего на данной территории отмечено 170 видов птиц (53% орнитофауны Татарии), относящихся к 16 отрядам и 37 семействам. Встречено 39 видов, включенных в Красную книгу Республики Татарстан [3] (около 50% всех видов птиц ККРТ). Семь из этих видов занесены в Красную книгу Российской федерации, а один из них – орлан-белохвост (*Haliaeetus albicilla*) – еще и в КК МСОП. Таким образом, даже самые обобщенные данные указывают на высокое значение рассматриваемой территории в поддержании видового разнообразия птиц. И это при условии, что обследованная территория составляет лишь 0,15% от общей площади республики.

Наиболее обычными видами птиц для исследуемой территории являются белая трясогузка (*Motacilla alba*), серая ворона (*Corvus cornix*) и черный коршун (*Milvus migrans*). Эти виды отличаются наибольшей встречаемостью (до 90%). Последние два вида редко становятся доминантами и даже содоминантами, тогда как трясогузка доминирует в большинстве птичьих сообществ береговых и открытых ландшафтов. Серая славка (*Sylvia communis*) не отмечена лишь на малоостровных участках затопленной поймы Свияги и в глубине лесов. Как правило, она доминирует. По всей территории (кроме участков затопленной поймы) встречаются зяблик (*Fringilla coelebs*) и зеленушка (*Chloris chloris*), немного реже – черноголовый щегол (*Carduelis carduelis*). У этих видов в период послегнездовых и осенних миграций возрастает встречаемость. Так же во всех открытых ландшафтах отмечена обыкновенная овсянка (*Emberiza citrinella*). Осенью возрастает встречаемость большой синицы (*Parus major*) (до 70-93% в разные годы). Вышеназванные виды являются фоновыми на исследуемой территории. Другие птицы предпочитают определенные типы ландшафтов.

В открытых участках в период гнездования доминируют полевой жаворонок (*Alauda arvensis*), желтая (*Motacilla flava*) и белая трясогузки, разные виды врановых, луговой чекан (*Saxicola rubetra*), овсянки. На берегах к ним присоединяются камышевка-барсучок (*Acrocephalus schoenobaenus*), болотная камышевка (*A. palustris*) и варакушка (*Luscinia svecica*). По окончании гнездования птицы гнездового населения откочевывают и появляются стайки пролетных видов птиц. Это как лесные птицы (разные виды дроздов, синиц и вьюрковых), так и виды, отмечавшиеся в открытых пространствах прежде (например, обыкновенная овсянка).

В лесах на протяжении всего периода исследований наиболее массовым видом был зяблик. Кроме того, в лесах доминируют садовая славка (*Sylvia borin*), пеночка-весничка (*Phylloscopus trochilus*) и зеленая пеночка (*Ph. trochiloides*). По окончании периода гнездования доминантами становятся разные виды синиц и обыкновенный поползень (*Sitta europea*).

На облесенных берегах орнитокомплексы образованы как лесными видами птиц (лесной конек (*Anthus trivialis*), садовая славка, пеночки, синицы и зяблик), так и околоводными видами (камышевки и варакушка). Открытые прибрежные полосы (между урезом воды и лесом) заселяют серая славка и обыкновенная овсянка. После завершения гнездования преобладающими видами в данных участках становятся разные виды синиц.

Для населенных пунктов характерно присутствие врановых и полевого воробья (*Passer montanus*). Кроме того, в садах отмечались лесные виды (садовая славка, зяблик), а на луговых склонах – виды открытых пространств и опушек (серая славка, луговой чекан и обыкновенная овсянка). В течение августа и сентября возрастала доля участия большой синицы.

В районах своих колоний вплоть до отлета всегда доминировали береговая ласточка (*Riparia riparia*) и воронок (*Delichon urbica*). Кроме того, в орнитокомплексах Свияжского залива доминировали разные виды чаек, речная крачка (*Sterna hirundo*), а во время своего пролета – кряква (*Anas platyrhynchos*) и разные виды куликов.

Таким образом, для разных типов выделов можно отметить характерные для нашего региона доминирующие виды. В орнитокомплексах мозаичных участков доминировали или содоминировали птицы, характерные для преобладающей стации. Кроме того, благодаря наличию практически во всех местообитаниях неспецифических территориальных включений, в них встречаются нехарактерные виды.

Как уже упоминалось, на исследуемой территории встречается 39 видов птиц, занесенных в Красную Книгу РТ, 7 из них можно отнести к редко залетным, 9 – к пролетным, 3 – к летующим, 3 – к пролетным и летующим, 9 – к летующим и предположительно гнездящимся, 4 – к гнездящимся и 4 – к гнездящимся и пролетным.

Редкозалетными в заказнике были орел-карлик (*Hieraaetus pennatus*), кулик-сорока (*Haemotopus ostralegus*), малый зуек (*Charadrius dubius*), филин (*Bubo bubo*), болотная сова (*Asio flammeus*), домовый сыч (*Athene noctua*), бородатая неясыть (*Strix nebulosa*), зеленый дятел (*Picus viridis*), обыкновенный ремез (*Remiz pendulinus*). Эти виды встречались крайне редко в характерных для них биотопах. К нерегулярно летующим птицам заказника можно отнести дербника (*Falco columbarius*) и обыкновенного осоеда (*Pernis apivorus*) – хищники иногда охотятся по берегам Свияги. В протоках между островами, на реках Аря и Бува встречается белощекая крачка (*Chlidonias hybrida*). Серый сорокопут (*Lanius excubitor*) может быть отнесен к редко летующим и предположительно зимующим птицам заказника. На акватории Свияги все лето часто встречается малая чайка (*Larus minutus*), причем в июне встречали молодых особей, что указывает на возможность гнездования чайки на смежных территориях.

Реки являются магистральными путями для многих перелетных птиц. Некоторые виды, например, малая крачка (*Sterna albifrons*) и хохотунья (*Larus cachinnans*) остаются на акватории Свияги и на малых реках все лето, вторая и всю осень. Нередко осенью в смешанных стаях чаек отмечали черноголового хохотуна (*Larus ichtyaetus*). Небольшие стаи (до 5 особей) лебедей-кликунов (*Cygnus cygnus*) останавливаются на пролете на акватории Свияги и малых рек. По берегам малых рек кормятся пролетные стаи серого журавля (*Grus grus*) и одиночные особи камышницы (*Gallinula chloropus*). Большой улит (*Tringa nebularia*) во время осеннего пролета встречается как по берегам, так и на островах Свияжского залива. На осеннем пролете в разных точках заказника встречались отдельные особи удода (*Upupa epops*). Также в разных точках заказника во время осеннего пролета появлялась белая лазоревка (*Parus cyanus*). Много лет на заливах Свияги пытается устроить гнездовье пара лебедей-шипунов (*Cygnus olor*), но высокий фактор беспокойства им мешает. На осеннем пролете шипун выбирает открытую воду. В агроландшафтах в районе заказника осенью отмечали стаи клинтуха (*Columba oenas*).

В открытых ландшафтах очень часто встречается полевой лунь (*Circus cyaneus*). Реже, но достаточно регулярно, отмечали мы лугового луня (*Circus pygargus*) и обыкновенную пустельгу (*Falco tinnunculus*). Предполагается возможность гнездования этих видов в районе заказника. Постоянным «видом-посетителем» на исследуемой территории является орлан-белохвост. Предположительно гнездится в некоторых лесополосах в районе заказника кобчик (*Falco vespertinus*). Весьма вероятно гнездование большой выпи (*Botaurus stellaris*) на островах и в береговых зарослях рогоза. В лесу за пределами заказника, но в непосредственной близости от строящегося Иннополиса, уже много лет обитает пара серых неясытей (*Strix aluco*). Гнездовье этих птиц по сей день найдено не было. В 2004 году был встречен выводок длиннохвостой неясыти (*Strix uralensis*).

По берегам рек гнездятся (не всегда успешно, иногда гнезда затапливает после подъема уровня воды в водохранилище) поручейник (*Tringa stagnatilis*), травник (*Tringa totanus*) и большой веретенник (*Limoza limoza*). Обыкновенный козодой (*Caprimulgus europaeus*), нерегулярно встречающийся на весеннем и осеннем пролете, на гнездовании в заказнике редок (основной фактор беспокойства – выпас скота). На территории заказника существует три колонии золотистой щурки (*Merops apiaster*). По окончании гнездования большие стаи щурок кочуют повсюду. На Аре и Кубне гнездится зимородок (*Alcedo atthis*). Осенний пролет этого вида проходит по долине Свияги. В крупных лесах как в заказнике, так и в его окрестностях, гнездится обыкновенная горлица (*Streptopelia turtur*).

В целом современное состояние орнитофауны района Свияжского залива нельзя назвать стабильным. Динамика биотопических преобразований, усиливающихся в ходе строительства Иннополиса, увеличение рекреационной нагрузки, наблюдаемые в данном районе, сейчас позволяют предполагать значительные перестройки орнитофауны в ближайшие годы. В связи с этим в данном районе необходимо усилить природоохранную деятельность и создать условия для непрерывного наблюдения.

Литература

1. Государственный реестр особо охраняемых природных территорий республики Татарстан. – Казань: Изд-во «Магариф», 1998. – 324 с.

2. Коблик Е.А., Редькин Я.А., Архипов В.Ю. Список птиц Российской Федерации. М.: Тов-во научных изданий КМК, 2006. 281 с.

3. Красная Книга Республики Татарстан (животные, растения, грибы). – Изд-во «Идел-Пресс», Казань, 2006. – 832 с.

4. Кузякин А.П. Зоогеография СССР // Учен. зап. Москов. обл. пед. ин-та им. Н. К. Крупской, 1962, т. 52. – С. 3-182.

5. Равкин Ю.С., Ливанов С.Г. Факторная зоогеография: Учеб. пос. Горно-Алтайск: РИО Горно-Алтайского гос. ун-та, 2006. 169 с.

Фролова Е.Н.[1), Гапонов С.П.[2)

1)аспирант кафедры зоологии и паразитологии биолого-почвенного факультета Воронежского государственного университета
2)д.б.н., профессор кафедры зоологии и паразитологии биолого-почвенного факультета Воронежского государственного университета
katerina199128@mail.ru

О ТАКСОНОМИЧЕСКОМ СТАТУСЕ ГАДЮКИ НИКОЛЬСКОГО НА ОСНОВЕ ИССЛЕДОВАНИЙ, ПРОВЕДЕННЫХ В ЦЕНТРАЛЬНОМ ЧЕРНОЗЕМЬЕ

В настоящее время вопрос о систематическом положении гадюки Никольского остается дискуссионным. Существует три основные точки зрения на данную проблему: 1). Черная гадюка Никольского – это всего лишь одна из цветовых морф обыкновенной гадюки [1,118; 13,90]; 2). Гадюка Никольского (*Pelias berus nikolskii,* Vedmederja, Grubant & Rudaeva, 1986) является подвидом обыкновенной гадюки [5,77; 11,52; 14,187; 15,762; 18,273; 19,3093; 21,68]; 3). Гадюка Никольского – это самостоятельный вид *Pelias nikolskii* [2,205; 6,298; 8,551]. Часть авторов не делают окончательных выводов о таксономическом статусе гадюки Никольского и считают, что для точного ответа на вопрос требуются дальнейшие исследования [4,41; 10,20; 11,51].

Имеется ряд морфологических и биохимических различий между обыкновенной гадюкой и гадюкой Никольского. Присутствуют различия в окраске: дорзальная сторона тела обыкновенной гадюки, как правило, серых и коричневых тонов с оливковым, бурым и красноватым оттенками, на голове - Х-образный рисунок, от глаза до угла рта тянется темная полоса, брюхо серого, бурого или черного цвета, часто пятнистое [1,118; 6,288; 11,50; 22,24]. Взрослые особи гадюки Никольского всегда черного цвета, на верхнегубных щитках иногда сохраняются белые пятнышки, кончик хвоста снизу желтый или желто-оранжевый. Молодые особи имеют серо-коричневую окраску с коричневым зигзагом на спине. К третьему году жизни, примерно через 5 – 6 линек, окраска темнеет и рисунок исчезает [3,84; 5,79; 8,551; 11,51].

Существует ряд метрических признаков, по которым обыкновенная гадюка и гадюка Никольского различаются. На больших выборках показано, что длина тела и длина хвоста у гадюки Никольского больше, чем у обыкновенной гадюки [6,298]. Кроме того между рассматриваемыми змеями существуют отличия в фолидозе: у гадюки Никольского по сравнению с обыкновенной гадюкой и брюшных, и подхвостовых щитков больше.

Среди морфологических черт сходства следует отметить, что у обоих видов змей на голове выделяют три крупных щитка – лобный и два теменных. Глаз отделен от верхнегубных щитков одним или двумя рядами мелких чешуй. Ноздря располагается посередине носового щитка [6,288; 8,539; 21,66]. Половой диморфизм наблюдается у обоих видов гадюк по длине тела и хвоста: длина тела самок больше, а длина хвоста меньше, чем у самцов; а так же по количеству брюшных и подхвостовых щитков: у самок больше брюшных чешуй, а у самцов – подхвостовых [6,288; 8,539; 11,49; 21,66]. Так же для обоих видов гадюк характерна положительная корреляция между длиной тела и количеством брюшных чешуй [20,104].

Для уточнения таксономического статуса гадюки Никольского описания морфологических особенностей недостаточно, необходимо знать различия, связанные с биохимическими и генетическими особенностями этих змей [7,148]. Установлено, что гадюки различаются по составу яда: яд обыкновенной гадюки характеризуются более высокой протеолитической активностью [14,187; 15,792]. Кроме того, яд различается по цвету – у обыкновенной гадюки он желтый, а у гадюки Никольского бесцветный [6,298; 14,188; 15,794].

Анализ ДНК показал, что для гадюки Никольского аллель размером 152 п. н. оказался видоспецифичным, для обыкновенной гадюки видоспецифичными являются аллели длиной от 176 до 192 п. н. [7,149]. Также проводился анализ последовательности митохондриального гена цитохрома *b* [13,90]. Результаты анализа указывают на то, что таксономический статус гадюки Никольского ниже видового. И большинство авторов, принимающих эту точку зрения, считают, что гадюку Никольского следует отнести к подвиду обыкновенной гадюки; к аналогичным выводам приводит и изучение состава яда гадюк [11,52].

Важно отметить, что ареалы номинативной формы обыкновенной гадюки (*Pelias berus berus*) и гадюки Никольского могут перекрываться. И в этом случае, как указывается многими авторами, наблюдается гибридизация между змеями. Гибридные особи характеризуются промежуточными морфологическими и генетическими показателями, у многих из них яд имеет промежуточную, бледно-желтую окраску [10,21; 14,188; 17,719; 21,66]. Считается, что типовые, «чистые» особи гадюки Никольского обитают в Харьковской области [2,205; 8,552].

В лабораторных условиях было получено потомство при скрещивании обыкновенной гадюки и гадюки Никольского. Однако в опыте не было проверено, является ли это потомство фертильным. Несмотря на то, что окончательного ответа на вопрос, способны ли гибриды этих гадюк размножаться, пока нет, эти данные является серьезной предпосылкой для того, чтобы присвоить гадюке Никольского подвидовой статус [9,102; 10,21].

В Воронежской и Липецкой областях также ведется изучение гадюк [12,33; 16,46]. Установлено, что на данных территориях обыкновенная гадюка представлена подвидом *P. b. nikolskii* (если принимать черную лесостепную гадюку за подвид). По сравнению с «эталонными» гадюками, эти змеи имеют некоторые черты сходства с номинативной формой обыкновенной гадюки [18,274; 19,3094].

На основе материала, собранного с 2011 по 2014 годы, в период с апреля по май, а также данных, любезно предоставленных сотрудником заповедника «Галичья гора» М. В. Ушаковым (собраны с 2008 по 2010 годы) были изучены особенности морфологии гадюки Никольского на территории Воронежской и Липецкой областей. Результаты, полученные при обработке метрических данных, представлены в Таблице 1, данных фолидоза – в Таблице 2.

Таблица 1.

Изменчивость метрических признаков гадюк Никольского на территории Воронежской и Липецкой областей

Призна ки	M±m		Lim., мм		CV		T
	♂ n=65	♀ n=30	♂ n=65	♀ n=30	♂ n=65	♀ n=30	
L. *	521.8±8.1	582.7±8.5	356.0 – 652.0	479.0 – 711.0	12.7	7.9	5.19
L.cd.	83.5±1.2	72.2±1.3	64.0 – 109.0	50.0 – 88.0	11.9	9.5	6.49
L.cm	20.1±0.2	20.9±0.3	12.5 – 23.8	17.8 – 29.9	9.3	8.2	2.18
L.at.m.	8.8±0.1	8.8±0.1	7.4 – 10.7	7.5 – 10.6	8.8	7.3	0.47
L.pil.	14.5±0.3	14.9±0.2	4.9 – 17.9	13.0 – 17.5	15.8	6.9	1.42
L.m.	6.5±0.1	6.5±0.1	5.0 – 8.3	5.6 – 7.5	11.1	6.7	0.25

*L. – длина туловища, L. cd. – длина хвоста, L. cm – длина головы, L. at. cm. – максимальная ширина головы, L. pil. – длина пилеуса, L. m. – длина морды.

По ряду признаком между самцами и самками были обнаружены половы различия, отражающие половой диморфизм: длина тела самок больше, чем самцов (α=0.001, P=0.0999), длина хвоста самцов превышает длину хвоста самок (α=0.001, P=0.0999), длина головы самок больше, чем у самцов (α=0.05, P=0.095), у самок брюшных щитков больше, чем у самцов (α=0.001, P=0.0999), а подхвостовых щитков – меньше (α=0.001, P=0.0999).

Сравнение полученных результатов с данными других авторов показывает, что длина тела и длина хвоста гадюк из Воронежской и Липецкой областей меньше, чем у гадюк, отловленных в других регионах [5,79; 6,298; 8,551]. По ряду признаков (количество брюшных щитков, пар подхвостовых щитков, щитков вокруг середины туловища и нижнегубных щитков) отловленные змеи соответствуют подвиду *V. b. nikolskii*. Количество задненосовых щитков у самцов соответствует интервалу средних значений для *V. b. berus* [21,66].

Изменчивость признаков фолидоза гадюк Никольского с территории Воронежской и Липецкой областей

Признаки	M±m		Lim., мм		CV		T
	♂ n=65	♀ n=30	♂ n=65	♀ n=30	♂ n=65	♀ n=30	
Sq[*]	21.3±0.09	21.2±0.15	20 – 24	19 – 23	3.5	4.2	0.38
Ventr.	150.3±0.34	153.3±0.63	142 – 157	147 – 163	1.9	2.4	4.25
S.cd.	40.0±0.1	33.1±0.58	33 – 47	24 – 43	6.5	10.1	10.39
Lab.	8.9±0.05	9.0±0.07	8 – 10	7 - 10	6.2	6.6	0.47
Sud.lab.	9.9±0.08	9.6±0.11	8 – 12	8 - 11	9.3	9.2	1.91
S.cir.	2.6±0.70	3.2±0.14	1 – 5	1 – 7	32.0	36.3	3.82
S.or.	9.4±0.08	9.3±0.11	8 – 12	7 – 12	9.9	10.0	0.89
Lor.	2.6±0.04	2.8±0.05	1 – 4	2 – 4	20.5	15.7	4.67
N.f.	7.5±0.25	7.6±0.34	4 – 14	5 – 12	27.8	25.7	0.38

Sq – количество чешуй вокруг середины туловища, Ventr. – количество брюшных щитков, S.cd. – количество пар подхвостовых щитков, Lab. – количество верхнегубных щитков, Sub.lab. – количество нижнегубных щитков, S.cir. – количество лобнонадглазничных щитков, S.or. – количество щитков вокруг глаза, не считая надглазничного, Lor. – количество задненосовых щитков, N.f. – количество горловых чешуй.

Сочетание у рассматриваемых особей признаков двух подвидов может служить подтверждение существования гибридной зоны между обыкновенной гадюкой и гадюкой Никольского и, следовательно, - подвидового статуса последней [9,103; 21,68].

Литература

1.Ануфриев В. М. Фауна европейской части Северо-Востока России. Амфибии и рептилии / В. М. Ануфриев, А. В. Бобрецов. – Т. IV. – Санкт-Петербург: Наука, 1966. – 130 с.
2.Атлас пресмыкающихся Северной Евразии (таксономическое разнообразие, географическое распространение и природоохранный статус) / Н. Б. Ананьева [и др.]. – Санкт-Петербург: Зоологический институт, 2004. – 232 с.
3.Ведмедеря В. И. К вопросу о названии черной лесостепной гадюки европейской части СССР / В. И. Ведмедеря, В. Н. Грубант, А. В. Рудаева // Вестник Харьковского университета. Новые исследования по онтогенезу, генетике и экологии животных. – Харьков, 1986. – № 288. – С. 83 – 85.
4. Генетическая дивергенция некоторых видов гадюк (Reptilia: Viperidae, *Vipera*) по результатам секвенирования генов НАДН-дегидрогеназы и 12S

рибосомальной РНК / В. А Великов [и др.] // Современная герпетология. – 2006. – Т. 5/6. – С. 41 – 49.

5. Гордеев Д. А. Эколого-морфологическая характеристика гадюки Никольского (*Vipera berus nikolskii* Vedmederja, Grubant et Rudaeva, 1986) на юге ареала (Волгоградская область) / А. Д. Гордеев //Современная герпетология: проблемы и пути их решения. Статьи по материалам докладов Первой международной молодежной конференции герпетологов России и сопредельных стран. – Санкт-Петербург, 2013. – С. 77 – 80.

6.Дунаев Е. А. Земноводные и пресмыкающиеся России. Атлас-определитель / Е. А. Дунаев, В. Ф. Орлова. – Москва : Фитон+, 2012. – 320 с.

7.Ефимов Р. В. Аспекты экологической сегрегации и технология видовой идентификации гадюковых змей (Reptilia: Viperidae, Vipera) в Поволжье на основе генотипирования / Р. В. Ефимов, Е. В. Завьялов, В. Г. Табачишин // Поволжский экологический журнал. – 2008. - №2. – С.147 – 153.

8. Земноводные и пресмыкающиеся (Энциклопедия природы России) / Н. Б. Ананьева [и др.]. – Москва: ABF, 1998. – 576 с.

9.Зиненко А. И. Гибриды первого поколения между гадюкой Никольского *Vipera nikolskii* и обыкновенной гадюкой *Vipera berus* (Reptilia, Serpents, Viperidae) / А. И. Зиненко // Вестник зоологии. – 2003а. - №37(1). – С. 101 – 104.

10.Зиненко А. И. Особенности морфологии *Vipera berus* (Linnaeus, 1758) и *Vipera nikolskii* Vedmederja, Grubant et Rudaeva, 1986 – следствие интрогрессивной гибридизации? / А. И. Зиненко // Змеи Восточной Европы: Материалы международной конференции. – Тольятти, 2003б. – С. 20 – 22.

11.Змеи Волжско-Камского края / А. Г. Бакиев [и др.]. – Самара: Издательство Самарского научного центра РАН, 2004. – 192 с.

12.Климов С. М. Земноводные и пресмыкающиеся Липецкой области / С. М. Климов, Н. И. Климова, В. Н. Александров. – Липецк: ЛГПИ, 1999. – 82 с.

13.Кузьмин С. Л. Конспект фауны земноводных и пресмыкающихся России / С. Л. Кузьмин, Д. В. Семенов. – Москва: Товарищество научных изданий КМК, 2006. – 139 с.

14.Маленев А. Л. Внутривидовые различия свойств ядовитых секретов обыкновенной гадюки *Vipera berus* в Волжском бассейне / А. Л. Маленев, О. В. Зайцев, А. Г. Бакиев // Материалы Пятого съезда Герпетологического общества им. А. М. Никольского. – Минск, 2012. – С. 187 – 190.

15.Обыкновенная гадюка *Vipera berus* (Reptilia, Viperidae) в Волжском бассейне: материалы по экологии, биологии и токсикологии / А. Г. Бакиев [и др.] // Самарская Лука. Бюл. – 2008. – Т17, № 4 (26). – С. 759 – 816.

16.Обыкновенная гадюка – *Vipera berus* L. / А. С. Климов // Природные ресурсы Воронежской области. Позвоночные животные. Кадастр. – Воронеж: Биомик, 1996. – С. 46.

17.Особенности генетической структуры популяций гадюк Никольского (*Vipera nikolskii*) и обыкновенного (*Vipera berus*) в зонах их симпатрического обитания в Поволжье / Р. В. Ефимов [и др.] // Самарская Лука: проблемы региональной и глобальной экологии. – 2008. – Т. 17, № 4 (26). – С. 718 – 722.

18.Ушаков М. В. К изучению гадюки Никольского, *Vipera (Pelias) berus nikolskii* Vedmederja, Grubant et Rudaeva, 1986, Теллермановского леса (Воронежская область) / М. В. Ушаков, Е. Н. Бабенкова // Вопросы герпетологии. Материалы Четвертого съезда Герпетологического общества им. А. М. Никольского. - Санкт-Петербург, 2011. С. 273 – 277.

19.Ушаков М. В. Подвидовая принадлежность обыкновенной гадюки (Serpentes: Viperidae) из Воронежской и Липецкой областей / М. В. Ушаков, А. И. Зиненко // Вестник Тамбовского государственного университета. Т. 18. – 2013. –Вып. 6. – С. 3090 – 3097.

20.L. Y. Lindell, A Forsman & J. Merila Variation in number of ventral scales in snakes: affect on body size, growth rate ang survival in the adder, *Vipera berus.*

21.Milto K. D. Distribution and morphological variability of *Vipera berus* in Eastern Europe / K. D. Milto, O. I. Zinenko // Herpetologia Petropolitana: Proceedings of the Societas Europaea Herpetologica. – St. Petersburg. – P. 64 – 73.

22.Wirth M. Common viper in the Northern Black Forest / M. Wirth //Reptilia/ - 2004/ - № 63/ - P. 24 – 29.

Муцалханов М.С.
к.и.н., доцент, Дагестанский госпедуниверситет
mucallhanov@mail.ru

РУКОВОДСТВО ВЛАСТНЫХ СТРУКТУР ДАГЕСТАНА ОБЕСПЕЧЕНИЕМ ТРУДОВОЙ ПОДГОТОВКИ ШКОЛЬНИКОВ ПЕДАГОГИЧЕСКИМИ КАДРАМИ ВЫСШЕЙ КВАЛИФИКАЦИИ В 1971 – 1985 г.

К началу 1970-х годов в СССР была проведена большая работа по поднятию общекультурного и образовательного уровня населения. Создание предпосылок и соответствующих условий позволили поставить на повестку дня вопрос о введении в стране всеобщего обязательного для всех граждан страны среднего образования.

В этих условиях актуальной задачей, ставшей перед властными структурами страны, явилось принятие мер по повышению квалификационного уровня и педагогического мастерства учителей. Это касалось всех без исключения преподавателей учебных дисциплин самой массовой – общеобразовательной, трудовой и политехнической – школы.

Интерес представляет, как с точки зрения науки, так и практики, опыт деятельности органов власти страны по обеспечению общеобразовательной школы квалифицированными кадрами высшего уровня трудового обучения, так как именно они призваны были играть ключевую роль в реализации принципа политехнизма в школе.

В данной статье предпринята попытка анализа деятельности по выполнению рассматриваемой задачи органами власти Республики Дагестан.

Для начала отметим, что данное обращение к теме автором этих строк является не первым по счету. В 1991 г. увидели свет наши совместные с ныне покойным профессором Ш.Г. Магидовым тезисы. Они опубликованы на страницах сборника материалов научной конференции по концепции непрерывного образования и совершенствования учебного процесса в общеобразовательной и специальной (средней и высшей) школе, прошедшей в Дагестанском пединституте (с 1994 г. – университет) [1].

Еще 2 статьи на данную проблему, написанные автором этих строк совместно с кандидатом исторических наук Н.Ш. Мугутдиновой, опубликовали в 2011 году всероссийские научные журналы «Наука и Школа» (Москва) [2] и «В мире научных открытий» (Красноярск) [3].

Во всех указанных работах интересующая нас проблема поднята в общем плане и не нашла освещения в достаточной степени. Кроме того, со времени их опубликования, несмотря на небольшой пройденный срок, в ходе поисков в архивохранилищах (центрального государственного архива Республики Дагестан и архива Дагестанского госпедуниверситета) обнаружены мало – или вовсе неизвестные факты. Учет последних позволит воссоздать объективную картину процесса подготовки высококвалифицированных педагогических кадров в вузах республики, в т. ч. учителей трудового обучения в Дагестанском госпедуниверситете.

Начало подготовке учителей с высшим образованием, обученных к ведению со школьниками работу по трудовому обучению, воспитанию и профессиональной ориентации, положило открытие в 1971 г. при Дагестанском педагогическом институте художественно-графического факультета (ХГФ) [3,66]. Перед факультетом ставилась задача обеспечения высококвалифицированными специалистами черчения и технического труда для ведения учебной и воспитательной работы с учащимися старших классов восьмилетней и средних классов десятилетней школы.

1974 г. ознаменовался открытием в том же пединституте факультета начальных классов (ФНК), призванного готовить учителей первого звена школьного образования Дагестана.

ХГФ сделал первый выпуск в 1976 г. и дал школам республики 50 высококвалифицированных учителей черчения и труда. Обучавший студентов по 4-летней программе ФНК направил своих выпускников в школы в 1978 г. Значимость событию придало предварительное сообщение о предстоящем выпуске первых учителей начальных классов Дагестана, сделанное всесоюзной газетой «Правда» еще в апреле месяце того же года [4].

Одновременно газета поставила в известность своего читателя также о предстоящем открытии со следующего года при педагогическом институте индустриально-педагогического факультета (ИПФ) для подготовки учителей трудового обучения с высшим образованием.

О качественном состоянии учителей трудового обучения школ Дагестана в год открытия специального факультета для них говорит следующий факт: к концу 1978-79 учебного года базовое образование по специальности имели только 6% указанной категории учителей школ республики, против 55% в Российской Федерации [3,67].

Об открытии и начале набора на ИПФ оповестила широкую общественность страны «Учительская газета» в номере за 26 июня 1979 г.

В первый год на дневное отделение нового факультета поступили 50 человек [3, с. 68]. Еще 50 человек стали студентами в 1980 г., поступив на открытое при ИПФ заочное отделение [1,227].

В результате принятых мер, за 10-летний период развития системы образования Дагестана, с 1971 по 1980 годы, была налажена работа по обеспечению всех звеньев общеобразовательной школы высококвалифицированными учителями трудового обучения. И все это оказало позитивное воздействие на качественные показатели педагогического корпуса Дагестана, как в целом, так и учителей труда, в частности.

Сказанное подтверждают следующие цифры и факты. С 1976 по 1985 гг. пединститут только по дневной форме обучения подготовил и направил в школы и систему образования Дагестана 1130 высококвалифицированных учительских кадров, из них выпускники ХГФ составили 467 человек, ФНК – 497 и ИПФ – 146 [5,400-422].

Улучшение качественного состава учителей труда Дагестана после начала выпуска таких специалистов на рассматриваемых трех факультетах пединститута можно заметить из следующих данных. Только 30 из 900 педагогов, работавших учителями труда школ Дагестана в 1976-77 учебном году, имели высшее образование. К 1980-81учебному году учителя труда возросли численно и составили 1013 человек и из них 226 имели высшее образование. За эти же годы с 600 до 679 человек увеличилось количество учителей труда со средне-специальным образованием и уменьшилось (со 183 до 68 человек) количество тех из них, кто работал в школах без соответствующего специального образования[3,69].

На 1 сентября 1983 г. трудовым обучением, воспитанием и профессиональной ориентацией школьников Дагестана были заняты 1212 учителей с базовым образованием, причем 266 из них имел высшую квалификацию [6]. В последующие годы эти показатели возросли еще больше.

За рассматриваемые годы значительно возросло число специалистов, так или иначе занятых подготовкой школьников Дагестана к труду и жизни. Это хорошо видно из следующих показателей: если в 1977-78 учебном году трудовым обучением и воспитанием школьников в республике занимались 1318 учителей и мастеров, то в 1980-81 учебном году их число достигло 1432 человек, а в 1984-85 – 1515[7,11]. И большая их часть имела дипломы ХГФ, ФНК, ИПФ и других факультетов пединститута.

В резюме отметим, что 1971- 1985 годы заняли важное место в процессе подготовки учителей труда с высшим образованием в Дагестане.

Литература и источники

1. Магидов Ш.Г., Муцалханов М.С. Подготовка квалифицированных кадров и повышение педагогического мастерства учителей трудового обучения Дагестана: достижения и нереализованные возможности // Концепция непрерывного образования и совершенствование учебного процесса: Тезисы научной конференции. – Махачкала: Изд-во ДГПИ, 1991. С.226-227.

2. Муцалханов М.С., Мугутдинова Н.Ш. Из истории кадрового обеспечения трудового обучения и воспитания школьников Дагестана в 1946-1991 гг. // Наука и школа, 2011. №1. С.149-152.

3. Муцалханов М.С., Мугутдинова Н.Ш. Подготовка учителей трудового обучения в средних и высших учебных заведениях Дагестана в начале 70-х – середине 80-х гг. XX в. // В мире научных открытий. 2011. №4. С. 64-70.

4. См.: Правда. 1978. 23 апреля.

5. Архив Дагестанского госпедуниверситета. Ф.1. Оп.21. Д.667. Л.1-524.

6. В поход за знаниями // Дагестанская правда. 1983. 1 сентября.

7. Центральный государственный архив Республики Дагестан (ЦГА РД). Ф.1. Оп. 164. Д. 55. Л.1-348.

Khachatryan A.M., Chuprynin V.D., Khilkevich E.G.

Anna M. Khachatryan, Postgraduate Student, Department of Obstetrics, Gynecology, Perinatology, and Reproductology, Faculty for Postgraduate Professional Training of Physicians, I.M. Sechenov First Moscow State Medical University. E-mail: a_hachatryan@oparina4.ru

Vladimir D. Chuprynin, PhD, Head of the Department of General Surgery, Research Center for Obstetrics, Gynecology, and Perinatology, Ministry of Health of Russia. E-mail: v_chuprynin@oparina4.ru

Elena G. Khilkevich, leading researcher of General Surgery Research Center for Obstetrics, Gynecology, and Perinatology, Ministry of Health of Russia, professor of Department of Obstetrics, Gynecology, Perinatology and Reproductive of I.M. Sechenov First Moscow State Medical University. E-mail: e_khilkevich@oparina4.ru

URINARY TRACT ENDOMETRIOSIS

The lesion of the urinary tract endometriosis is rare and it is only 1-2% of all cases of endometriosis. [1, 902;2, 157]. It affects most often the bladder (84%), lesions of the ureter (10%). The left ureter is affected more often than the right one [3, 20]. The lesion affects the kidney in 4% of cases and urethra in 2%. [3, 20]

However, according to some authors, the number of patients who are diagnosed endometriosis urinary tract, have been increased over the past few years from 0.3% to 12% of all cases of endometriosis.[4, 77;5,716;6,1381;7,331;8,1003].

In 50% of cases the disease proceeds asymptomatically [9.628] and is detected incidentally during the gynecological examinations conducted for infertility or infiltrative endometriosis.

Treatment of this disease includes both medical and surgical methods. The goal of treatment is to alleviate the symptoms of the disease and to prevent the kidney failure and loss of renal function due to the involvement of the ureter in the pathological process. In case of bladder damage, laparoscopic resection of the bladder is a correct way of treatment. The authors mention the importance of resection within healthy tissue. In terms of ureters damage and recovering possibility of the renal function, it's possible to use ureterolysis or a resection affected by the part of ureter with the imposition of uretero-uretral anastomosis or an ureter reimplantation. Nephrectomy is the right way when kidneys function restoration is impossible [10,35; 11,347; 12, 559].

58 patients with urinary tract endometriosis were examined and treated in the Research Center for Obstetrics, Gynecology and Perinatology in Moscow. Patients were divided in 2 groups. I group (n = 23) included patients who addressed with this problem for the first time. Group II (n = 35) included patients with urinary tract infiltrative endometriosis who were previously been

treated for endometriosis. In both groups the age of the patients ranged from 23 to 50. The average age was 27. 54 patients (93.1%) of reproductive age and 4 (6.9%) of perimenopausal age.

26 patients from 58 participants (44,8%) were diagnosed bladder endometriosis, 19 (32,8%) defeat of ureters and 13 (22,4%) combined lesion of bladder and ureters. Endometriotic lesions of other parts of the urinary system (urethra, kidney and the upper third of the ureter) were not diagnosed in this group. In 12 (63.1%) cases from all ureteral injury (n = 19) there was diagnosed lesion of the left ureter: in 6 (31.6%) the right ureter and in 1 (5.3%) damage of both ureters.

In case of the bladder and ureter (n = 13) combined lesion the right ureter was involved in the process in 6 (46.2%) cases, left in 3 (23%) and a bilateral ureteral lesion diagnosed in 4 (30.8%) cases.

20 (34.5%) patients mentioned the urological symptoms. 7 of them (35%) noted the emergence or worsening urinary symptoms before and during menstruation. In I group was 8 (34.8%) with urological complaints and in the II group - 12 (34.3%). The most common urological complaints were the frequent urination which mentioned 8 patients (40%), painful urination - 6 patients (30%), complicated urinating - 4 patients (20%) and cystitis - 4 patients (20%). In 4 cases of ureteral lesion, the main complaints were the pain in the lower abdomen radiating to the lumbar region and the back (20%).

It was performed transvaginal ultrasound examination in all patients. Ultrasound of the bladder and kidneys was performed for 37 patients. In I group ultrasound was performed only in 19 cases (82.6%), 9 (47.4%) of them were informative. In II group ultrasound was performed in 18 cases (51.4%), 7 (38.9%) of them were informative examinations.

In 7 cases there was diagnosed bladder infiltrates (4 in I group and 3 in II group). In case of ureter lesions it was visualized kidney hydronephrosis transformation in different stages (from slight extansion of pyelocaliceal system to kidney in the form of liquid formation), endometrial infiltration of ureter / or projections of ureter, extended from 1 to 3 cm in the middle and upper third. In 9 cases hydronephrosis renal changes were diagnosed (5 from group I and 4 from II). In 4 cases hydronephrosis changes were accompanied by megaureter (3 from group I and 1 from group II).

It was implemented computer tomography with dynamic urography and kidney scan in 8 women: in 5 cases there was diagnosed impaired renal function.

MRI was performed in 46 patients (79.3%): 21 (91.3%) in I group and 22 (63%) in II group. 36 of the studies from 46 were informative (84%): 14 (67%) in I group and 22 (100%) in II group.

Only 30 (51.7%) patients made cystoscopy: 9 (39.1%) in group I and 21 (60%) in group II. Examination was informative for 14 (46.6%) women: 5 (55.5%) in group I and 9 (43%) in group II. In 11 cases diagnosed infiltrates extended to the bladder mucosa.

Surgical treatment was performed in 57 patients. One patient from group II was discharged before surgery because of family issues. In both groups the preference was given to laparoscopic surgery.

Taking into consideration the high rate of relapse and intra / postoperative complications, transurethral access for surgical treatment of patients with endometriosis of the bladder was not applied.

In group I laparoscopic approach was used in 17 (73.9%), laparotomy in 4 (17.4%), conversion in 2 (8.7%) women. In group II laparoscopy was performed in 20 (58.8%) women, laparotomy in 7 (20.6%) and conversion in 7 (20.6%). In group I it was implemented ureterolysis in 12 patients, in 10 patients excision of endometriosis of the bladder, in 4 resection of the bladder and in 1 patient nephrectomy. In group II in 18 patients conducted ureterolysis, in 12 excision of endometriosis of the bladder, in 11 resection of bladder, in 1 patient reconstruction of the ureteral orifice and in 1 cystoureteroneostomiya.

Despite the modern possibilities of diagnosis methods, the early stages of urinary tract endometriosis can rarely be diagnosed. During our observation the disease proceeds asymptomatically in 65.5% cases. According to the analysis, in 5 cases from 58, the disease was diagnosed when renal function has been lost. For early diagnosis it is required a vigilance of all professionals, who are a part of the diagnostic and therapeutic "chain", starting from a gynecologist/urologist, who is responsible for the detailed collecting of anamnestic history and detection of complaints, ultrasound examination results, endoscopic diagnosis and MRI experts, who should describe all results in details, even if they are indirect. In this case the role of pathologist is important, who evaluates the diagnostic biopsy, of surgeon, who should find and remove all visible hotbed of endometriotic.

References

1. Schneider A., Touloupidis S., Papatsoris A.G., Triantafyllidis A., Kollias A., Schweppe K.W. Endometriosis of urinary tract in women of reproductive age. Int. J. Urol. 2006; 13: 902–4.

2. Chapron C., Fauconnier A., Vieira M., Barakat H., Dousset B., Pansini V., Vacher-Levanu M.C., Dubisson J.B. Anatomical distribution of deeply infiltrating endometriosis: surgical implication and proposition for a classification. Hum. Reprod. 2003; 18: 157–61.

3. Yohannes P. Ureteral endometriosis. J. Urol. 2003; 170(1): 20–5.

4. Chamie L.P., Blasbalg R., Pereira R.M., Warmbrand G., Serafini P.C. Findings of pelvic endometriosis at transvaginal US, MRI, and laparoscopy. Radiographics. 2011; 31: E77–100.

5. Grasso R.F., Di Giacomo V., Sedati P., Sizzi O., Florio G., Faiella E. et al. Diagnosis of deep infiltrating endometriosis: accuracy of magnetic resonance

imaging and transvaginal 3D ultrasonography. Abdom. Imaging. 2010; 35: 716–25.

6. Manganaro L., Fierro F., Tomei A., Irimia D., Lodise P., Sergi M.E. et al. Feasibility of 3.0 T pelvic MR imaging in the evaluation of endometriosis. Eur. J. Radiol. 2012; 81(6): 1381–7.

7. Bazot M., Gasner A., Lafont C., Ballester M., Dara? E. Deep pelvic endometriosis: limited additional diagnostic value of postcontrast in comparison with conventional MR images. Eur. J. Radiol. 2011; 80: e331–9.

8. Busard M.P., Mijatovic V., van Kuijk C., Pieters-van den Bos I.C., Hompes P.G., van Waesberghe J.H. Magnetic resonance imaging in the evaluation of (deep infiltrating) endometriosis: the value of diffusion weighted imaging. J. Magn. Reson. Imaging. 2010; 32(4): 1003–9.

9. Villa G., Mabrouk M., Guerrini M., Mignemi G., Montanari G., Fabbri E. et al. Relationship between site and size of bladder endometriotic nodules and severity of dysuria. J. Minim. Invasive Gynecol. 2007; 14: 628–32.

10. Antonelli A., Simeone C., Canossi E., Zani D., Sacconi T., Minini G. et al. Surgical approach to urinary endometriosis: experience on 28 cases. Arch. Ital. Urol. Androl. 2006; 78: 35–8.

11. Collinet P., Marcelli F., Villers A., Regis C., Lucot J.P., Cosson M., Vinatier D. Management of endometriosis of the urinary tract. Gynecol. Obstet. Fertil. 2006; 34: 347–52.

12. Gustilo-Ashby A.M., Paraiso M.F. Treatment of urinary tract endometriosis. J. Minim. Invasive Gynecol. 2006; 13: 559–65.

Ursul O.O.
Graduate student, Bukovinian State
Medical University(Chernivtsi)
Olga_ursul_84@mail.ru
Khukhlina O.S.
Doctor of Medicine, professor
Bukovinian State Medical University(Chernivtsi)
Smandych V.S.
Graduate student, Bukovinian State
Medical University(Chernivtsi)

PATHOGENETIC INFLUENCE OF ANTIOXIDANT AND ENZYMOTHERAPY ON COMORBID COURSE OF CHRONIC OBSTRUCTIVE PULMONATY DISEASE AND CHRONIC PANCREATITIS

Abstract. In the result of the study conducted 60 patients with chronic obstructive pulmonary disease (COPD) in the phase of non-infectious exacerbation and comorbid chronic pancreatitis in the phase of exacerbation have been examined. The effect of *Serrathiopeptidase* and *Hepaval* on the course of these diseases have been studied. A reliable decrease of oxidative stress intensity, reduced activity of antioxidant protection factors, inhibition of collagen anabolism process, renewal of the proteinase-inhibiting system balance have been found.

Key words: chronic obstructive pulmonary disease, chronic pancreatitis, *Serratiopeptidase, Hepaval*, oxidative stress, proteinase-inhibiting imbalance.

Introduction. The clinical course and progressing of chronic obstructive pulmonary disease (COPD) and chronic pancreatitis (CP) under condition of their comorbidity is defined by a number of inter-aggravating mechanisms, among which the following are the most significant: background vagotonia, sensitization of the body due to absorption of incompletely broken down digestive products possessing antigenic structure, metabolic intoxication (endotoxicosis), activation of oxidative and nitrosative stress with realization of a universal mechanism of cellular membrane lesions, hypoxia and ischemia, respiratory and metabolic acidosis, activation of the connective tissue fibroblasts with hyperproduction of the connective tissue components, pneumosclerosis progression and fibrosis of the pancreatic tissue, proteinase-inhibiting imbalance [1, 3, 8], inhibition of fibrinolysis processes, hypercoagulation syndrome, disorders of microcirculation in the lungs and pancreas, microclots formation [1, 6, 7]. Presented pathogeneticinter-aggravating mechanisms of COPD and CP stipulate reasonability to work out certain therapeutic measures simultaneously influencing upon several links of pathogenesis of both diseases. From this point of view systemic enzymotherapy with the use of *Serratiopeptidase* becomes topical [2, 4, 5, 9]. To remove ischemia of the pancreas, other consequences of hypoxia (fibrosis), to stabilize cellular membranes of the pancreatic acinar epithelium and alveolocytes, oxidative and nitrosative stresses should be inhibited. *Hepaval* is administered for this purpose.

Objective: to study the efficacy of *Serratiopeptidase* and *Hepaval*on the clinical course of comorbid COPD and CP and common links of their pathogenesis: oxidative stress intensity, processes of proteolysis and fibrosis formation reactions.

Materials and methods. 60 patients with COPD (GOLD 1-2, B stage) in the phase of non-infectious exacerbation with comorbid CP in its exacerbation phase have been examined and divided into 2 groups. The control group (1, C) was administered to *Thiothropium bromide* (18 mcg once a day in the officinal form "Handihaler") with the aim to remove bronchial obstructive syndrome (BOS), *Creon* 25 000 UN twice a day with the aim to eliminate pain syndrome and substitute functional activity of the pancreas, *Mebeverin hydrochloride* (200 mg twice a day) to eliminate hypertension in the duct as a cause of pain syndrome during 30 days. The main group (2, O) received *Thiothropium bromide* (18 mcg once a day in the officinal form "Handihaler") with the aim to remove BOS, the medication of proteolytic and anti-inflammatory action *Serrata* (*Serratiopeptidase*per 10 mg three times a day) and *Hepaval* (reduced glutathione per 250 mg twice a day) with antioxidant, anti-hypoxanthine properties during 30 days.

Intensity of protein oxidative modification in the blood serum was detected by means of O. Ye. Dubinina'set al. method in modification of I. F. Meshchyshen. The content of LPO molecular products in the blood – isolated double bonds in compounds, diene conjugates (DC), ketodienes and adjointtrienes was studied according to I.A. Volchegorsky et al., malonic aldehyde (MA) in the blood plasma and erythrocytes – according to Yu. A. Vladimirov, A. I. Archakov. The content of reduced glutathione in the blood was detected by means of a traditional method suggested by O.V. Travina in modification of I. F. Meshchyshen and I.V. Petrova. Activity of the enzymes of anti-oxidant defense (AOD) system glutathione reductase (GR) (KF 1.6.4.2), glutathione peroxidase (GP) (KF 1.11.1.9), glutathione-S-transferase (GT) (KF 2.5.1.18) was studied according to I. F.Meshchyshen, copper, zinc-superoxidedismutase (SOD) – by R.Fried, catalase – by M. A. Koroliuk et al. Activity of the enzymes was calculated per 1 g of Hb.

Proteolytic blood activity (PBA) was studied using intensity of azoalbumin, azocasein and azocollysis with application of reagents of "Danysh Ltd" company (Lviv). The content of collagen exchange markers in the blood serum – free oxyprolin (FOP) was studied by means of S. S. Tetianets's method, protein-conjugated oxyprolin (PCOP) – by the method of M. A. Osadchuk. Statistical processing of the material was conducted by means of up-to-date methods of variation statistics.

Results and discussion. Considering the fact that the therapy of the 2nd group of patients included the medicine of antioxidant action, dynamic indices of LPO and protein oxidative modification (POM) differed reliably from the initial ones in all the terms of observation. Thus, MA in the blood plasma after the treatment in the 1st group decreased on 9.1% (p<0,05), in the 2nd group – on 50.3% (p<0,05) with a reliable difference between groups (p<0,05). More intensive decrease of pancreatic ischemia was found in the 2nd group – in 1.9 times (p<0,05) with normalization of the index and absent normalization in patients of the 1st group (p<0,05). DC content in the blood became normal only in the 2nd group after treatment (p<0,05) as compared to the 1st group, where normalization of the index was not achieved.

Antioxidant properties of *Hepaval* are stipulated by its ability to normalize activity of antioxidant defense factors. Dynamic indices of reduced glutathione content in erythrocytes in the patients of the 2nd group changed reliably (p<0,05) with actual normalization of the index, while changes of reduced glutathione content in erythrocytes of the patients from the 1st group were not reliable but had only the tendency to increase (p>0,05). All the above mentioned caused a reliable long normalization of GT and GP activity observed only in the patients of O group of comparison. Compensatory higher catalase activity after the treatment decreased reliably only in patients of the group O (p<0,05). Therefore, a comprehensive therapy suggested, including administration of *Serathiopeptidase* and *Hepaval,* has found the highest degree of efficacy to achieve powerful antioxidant effect, enabling to decrease stably the intensity of LPO and POM processes, which are a key link of COPD pathogenesis and CP progress.

It should be noted that the course of COPD and CP in the phase of their exacerbation is accompanied by activation of the processes of fibrosis formation in the lungs and pancreas due to inflammatory process. The indices of collagen anabolism markers before treatment in patients of both groups were higher, for example the content of PCOP in the blood was in 1,6 times higher (p<0,05), and the content of immature collagen catabolism marker in the blood – free oxyprolin – was reliably lower on 26.1% (p<0,05) which is indicative of an increased intensity of fibrosis forming reactions in the body of this cohort of patients. The obtained results are indicative of the fact that the therapy suggested promoted inhibition of fibrosis forming reactions, as after the treatment completed the content of PCOP in the blood of patients of the 2nd group decreased reliably on 50,1% (p<0,05), and free oxyprolin content increased reliably on 45,3% (p<0,05) with normalization of the index, while in the control group the changes were minimal concerning free oxyprolin content (increase on 13,3% (p<0,05)), but the content of PCOP did not decrease (0,05). To our mind, the changes found occurred due to the influence of *Serratiopeptidase* – a powerful proteolytic enzyme promoting the restoration of the balance of the proteinase-inhibiting system, activation of collagenosis processes [4,5]. Thus, azoalbumin, azocasein and azocol in the 2nd group increased on 17,9% (p<0,05), at the same time activity of azoalbumin, azocaseinlysis decreased with normalization of the indices. To our mind, *Hepaval* promoted this process as it is an antioxidant and antihypoxant. Thus, improvement of oxygen supply occurring due to BOS elimination and *Hepaval* effect resulted in inhibition of the system of tissue fibroblasts and fibrosis forming reactions, which are the basis of progressing pneumosclerosis and fibrosis of the pancreas.

Conclusion. A comprehensive therapy of patients with COPD and CP including inhalation therapy with *Thiothropium bromide*, *Serratiopeptidase* and *Hepaval* promotes a quick elimination of the main syndromes of the underlying and comorbid diseases, reduced intensity of oxidative stress, restoration of the antioxidant defense components activity, intensifies collagenolysis activity, inhibits collagen anabolism processes, promotes restoration of the proteinase-inhibiting system balance as compared to the traditional therapy.

References

1. Губергриц Н. Б. Клиническая панкреатология: Монография / Н. Б. Губергриц, Т. Н. Христич. – Донецк: Лебедь, 2000.- 416 с.

2. Bhagat S. Serratiopeptidase: A systematic review of the existing evidence / S. Bhagat, M. Agarwal, V. Roy // International J. of Surgery. – 2013. - №11. – P. 209-217.

3. Cho Y. S. The role of oxidative stress in the pathogenesis of COPD / Y. S. Cho, H. B. Moon // Allergy Asthma Immunol. Res. - 2010.- Vol.2, №3. - P.183-187.

4. Comparison of anti-inflammatory activity of serratiopeptidase and diclofenac in albino rats / S. Jadav, N. Patel, T. Shah [et al.] / J.Pharmacol.,Pharmacother. – 2010. – Vol. 1, №11. P. 6-7.

5. Effect of the proteolytic enzyme serrapeptase in patients with chronic airway disease / S. Nakamura, Y. Hashimoto, M. Mikami [et al.] // Respirology.- 2003.-Vol.8, №3.-P. 316-320.

6. Oxidative and nitrosative stress in the diaphragm of patients with COPD / H. Wijnhoven, L. Heunks, M. Geraedts [et al.] // International J. of COPD. 2006. – Vol. 1, №2. P. 173-179.

7. Oxidative stress and antioxidant defense / E. Birben, V. Murat, C. Sackesen [et al.] // WAO Journal. - 2012. - №5. – P. 9-19.

8. Rahman I. Oxidant and antioxidant balance in the airways and airway diseases / I. Rahman, S.K. Biswas, A. Kode // Eur. J. Pharmacol.- 2006.- Vol.533, №1-3.- P.222-239.

9. Redfern R. The Miracle Enzyme Is Serrapeptase / R. Redfern //Naturally Healthy Publications, 2006.- 156 p.

Table 1

The indices of intensity of lipid peroxide oxidation and protein oxidation modification in patients with chronic obstructive pulmonary disease with comorbid chronic pancreatitis in the dynamics of treatment: 1st group (Control (C) – by Thiothropium bromide, Creon, Mebeverin hydrochloride), the 2nd group (the Main one (M) – by Thiothropium bromide, Serrata and Hepaval (M±m))

	Indices	Group 1 (C) (n=30)	Group 2 (M) (n=30)
PHP	MA er., micromole/L	2,53±0,072	
	IDB, E220/ml of blood	2,64±0,031	
	FOP, micromole/L	10,09±0,402	
	PCOP, micromole/L	23,74±0,205	
	PBA, E440/ml/hour by azoalbumin	2,91±0,291	
	PBA, E440/ml/hour by azocasein	2,16±0,190	
Before treatment	MA er., micromole/L	4,26±0,025 *	4,15±0,027 *
	IDB, E220/ml of blood	5,59±0,048 *	5,55±0,035 *
	FOP, micromole/L	7,39±0,041 *	7,40±0,038 *
	PCOP, micromole/L	38,92±0,687 *	37,81±0,515 *
	PBA, E440/ml/hour by azoalbumin	4,18±0,54*	4,24±0,29*
	PBA, E440/ml/hour by azocasein	4,15±0,11*	4,19±0,15*
After treatment	MA er., micromole/L	3,87±0,021 */**	2,72±0,147 **/ #
	IDB, E220/ml of blood	4,52±0,174 */**	3,00±0,149 **/ #
	FOP, micromole/L	8,37±0,072 */**	10,75±0,053 **/ #
	PCOP, micromole/L	36,24±0,824 *	25,12±0,625 **/ #
	PBA, E440/ml/hour by azoalbumin	3,82±0,37*	2,95±0,31**/#
	PBA, E440/ml/hour by azocasein	3,95±0,13*	2,53±0,15**/#

Note: * - reliable difference as compared to the index of practically healthy people (PHP) (P<0,05);

** - reliable difference as compared to the index before treatment (P<0,05);

- reliable difference as compared to the index after treatment in the 1st group (P<0,05).

Соловейчик Ю.Г.[1], Епанчинцева Т.Б.[2], Киселев Д.С.[3], Сидоров А.В.[3]
[1]профессор, д.т.н., Новосибирский государственный технический университет
[2]аспирант, Новосибирский государственный технический университет
[3]студент, Новосибирский государственный технический университет

О КОМБИНИРОВАНИИ ПОДХОДОВ ПРИ ВЫПОЛНЕНИИ 3D-ИНВЕРСИЙ

Необходимость применения трехмерных подходов для построения геофизических моделей Земли по данным электромагнитных зондирований и повышения разрешающей способности различных технологий электромагнитных зондирований и их результативности уже давно не вызывает сомнений, и особенно это касается тех типов работ, где получение экспериментальных данных сопряжено с большими финансовыми и трудовыми затратами.

Рассмотрим процедуры инверсии, в которых геоэлектрические параметры среды определяются на основании минимизации функционала [1, 3; 2, 62]

$$\Phi^{\alpha}(b) = \sum_{l=1}^{L} \sum_{k=1}^{K} \left(\omega_{lk} \delta \varepsilon_{lk}(b^0) + \omega_{lk} \sum_{m=1}^{M} \frac{\partial (\delta \varepsilon_{lk})}{\partial b_m} \Delta b_m \right)^2 + \sum_{m=1}^{M} \alpha_m (b_m^0 - \overline{b_m} + \Delta b_m)^2,$$

где $\delta \varepsilon_{lk}$ – отклонения практических (экспериментальных) данных от теоретических в l-м приемнике в -й момент времени; b – вектор искомых параметров; Δb_m– компоненты приращений к вектору b^0 параметров, полученных на предыдущей итерации; $\overline{b_m}$ – значения параметров референтной модели, к которой производится сглаживание; ω_{lk} – некоторые веса для практических данных, α_m – параметры регуляризации.

Приведем результаты, полученные с использованием разработанного программно-математического обеспечения для геоэлектрической модели рудного объекта при наличии трехмерных объектов-помех. При этом в качестве практических данных будем использовать синтетические, полученные с применением точного 3D-моделирования. Рассмотрим ситуацию, в которой целевой объект перекрыт неоднородностями верхней части разреза. Во вмещающую четырехслойную среду с параметрами $h_1 = 10м$, $\rho_1 = 100\ Ом \cdot м$, $h_2 = 1600м$, $\rho_2 = 2000\ Ом \cdot м$, $h_3 = 300м$, $\rho_3 = 100\ Ом \cdot м$, $h_4 = \infty$, $\rho_4 = 500\ Ом \cdot м$ (h_i – толщины слоев, ρ_i – их удельное сопротивление) помещен тонкий, высокопроводящий, трехмерный объект с размерами $2 \times 1.2 \times 0.02$ км^3 с удельным сопротивлением 1 См·м.

Соответствующая геоэлектрическая модель в плане и разрезе приведена на рисунке 1. Светлым тоном на нем изображены объекты, имитирующие неоднородности в верхнем слое изучаемой среды, а темным тоном – целевой объект, имитирующий рудное месторождение. Также на этом рисунке показана приемно-генераторная установка (круговая петля и приемники в виде точек) и профили, по которым эта установка перемещалась (по семь положений на четырех профилях).

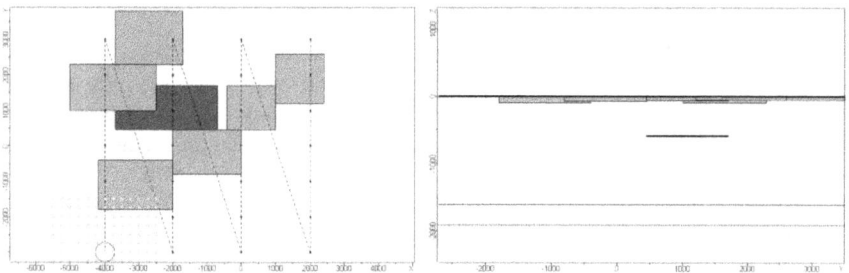

Рисунок 1 – План (слева) и разрез (справа) геоэлектрической модели

На первом этапе 3D-инверсии был выполнен подбор удельного электрического сопротивления в верхней части разреза с использованием крупноячеистой структуры. Полученное распределение удельного электрического сопротивления показано на рисунке 2 (черными линиями обозначены контуры реальных объектов).

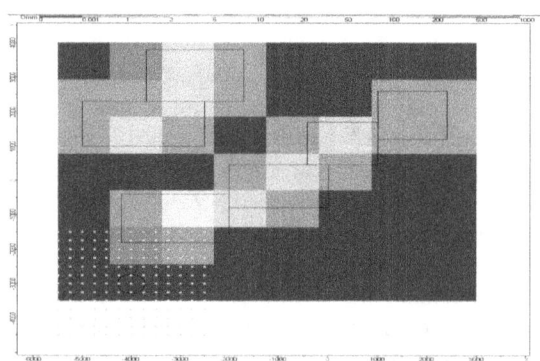

Рисунок 2 – Результаты первого этапа 3D-инверсии в виде распределения удельного электрисечкого сопротивления в верхней части разреза

По полученному распределению удельного электрического сопротивления была сформирована стартовая геоэлектрическая модель верхней части разреза, а стартовое положение глубинного объекта было задано достаточно далеким от истинного положения.

Стартовая модель приведена на рисунке 3 слева. В ходе выполнения дальнейшей нелинейной 3D-инверсии искомыми параметрами являлись удельное электрическое сопротивление и координаты границ поискового объекта и объектов-помех из верхней части разреза.

Всего в ходе второго этапа инверсии было сделано 28 итераций, в результате чего значение функционала невязки было уменьшено в 35 раз. Результаты 3D-инверсии приведены на рисунке 3 справа.

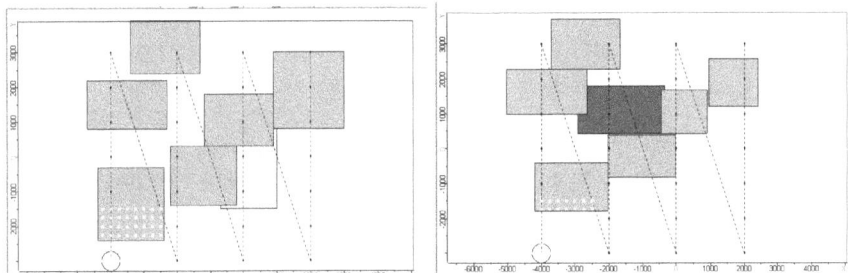

Рисунок 3 – Положение 3D-объектов в плане в стартовой модели (слева) и на двадцать восьмой (справа) итерации 3D-инверсии

Из приведенных результатов видно, что в ходе 3D-инверсии были существенно уточнены координаты границ объектов верхней части разреза, а положение целевого объекта стало достаточно близким к положению целевого объекта в истинной модели. Полученные результаты свидетельствуют о том, что в случае неоднородной верхней части разреза имеет смысл использовать двухэтапную процедуру инверсии: на первом этапе искать предварительное расположение объектов-помех в верхнем слое с использованием крупноячеистых структур, а на втором этапе с использованием стартовой модели, полученной на первом этапе, осуществлять совместный поиск границ и удельного сопротивления объектов-помех и целевого объекта – в этом случае положение и параметры целевого объекта определяются достаточно хорошо даже при их задании в стартовой модели очень далекими от истинных.

Литература

1. Персова М.Г., Соловейчик Ю.Г., Тригубович Г.М. Компьютерное моделирование геоэлектромагнитных полей в трехмерных средах методом конечных элементов //Физика Земли, 2011. – № 2. – С. 3–14.
2. Персова М.Г., Симон Е.И., Соловейчик Ю.Г., Кошкина Ю.И. Алгоритмы 3D-инверсии данных зондирований становлением поля с использованием борновских приближений // Научный вестник НГТУ. – 2013. – № 2 (51). – С. 62-72.

Персова М.Г.[1], Киселев Д.С.[2], Кошкина Ю.И.[3], Сидоров А.В.[2], Сулейманова К.А.[2]

[1]профессор, д.т.н., Новосибирский государственный технический университет
[2]студент, Новосибирский государственный технический университет
[3]аспирант, Новосибирский государственный технический университет

РАЗРАБОТКА И РЕАЛИЗАЦИЯ АЛГОРИТМОВ ПОСТРОЕНИЯ ТРЕХМЕРНЫХ КОНЕЧНОЭЛЕМЕНТНЫХ СЕТОК ДЛЯ ЧИСЛЕННОГО МОДЕЛИРОВАНИЯ ЭЛЕКТРОМАГНИТНЫХ ПОЛЕЙ ДЛЯ РЕШЕНИЯ ЗАДАЧ КАРОТАЖА

Одной из важнейших составляющих практически всех технологий геофизических исследований околоскважинного пространства является программно-математический аппарат, используемый для их сопровождения. Его вычислительная эффективность определяет возможности использования этого аппарата при проведении практических работ, а точность получаемых решений – качество интерпретации получаемых данных.

Важнейшим критерием качества разрабатываемого программного обеспечения с учетом специфики решаемой задачи является вычислительная эффективность соответствующих процедур численного 3D-моделирования, которая должна достигаться не за счет упрощения моделей (математической и геоэлектрической) или ухудшения точности получаемого численного решения, а за счет применения подходов и способов построения аппроксимаций, позволяющих эффективно учитывать особенности поведения электромагнитного поля в исследуемых трехмерных средах. При решении задач 3D-моделирования геоэлектромагнитных полей с использованием метода конечных элементов хорошо зарекомендовала себя технология с разделением поля [1,78; 2,3; 3,786] на нормальную составляющую (поле источника во вмещающей горизонтально-слоистой среде). Трехмерное поле может быть рассчитано с использованием задач меньшей размерности, для решения которых могут быть использованы очень подробные пространственные дискретизации при относительно невысоких вычислительных затратах. Трехмерная же составляющая моделируемого поля (поле влияния трехмерных неоднородностей) при использовании такого подхода может быть рассчитана с требуемой точностью с использованием существенно более грубых пространственных дискретизаций по сравнению с пространственными дискретизациями, требуемыми на получение решения (с той же точностью) полной задачи (без выделения поля вмещающей горизонтально-слоистой среды, которое рассчитывается путем решения задач меньшей размерности).

Принцип работы алгоритма построения трехмерной сетки для пространственной дискретизации основан на том, что при расчете полей влияния трехмерных неоднородностей роль источников играют сами объекты, поэтому сгущение трехмерной сетки происходит в местах их расположения. При этом соблюдается требование плавных изменений шагов по сетке, и учитываются следующие факторы: близость трехмерного объекта к источнику электромагнитного поля, контраст проводимости этого объекта по отношению к вмещающей среде, расположение приемников поля, размер объектов. Расчет выполняется на нерегулярной сетке, которая получается из регулярной удалением "лишних" узлов и объединением вытянутых в одном или двух направлениях элементов.

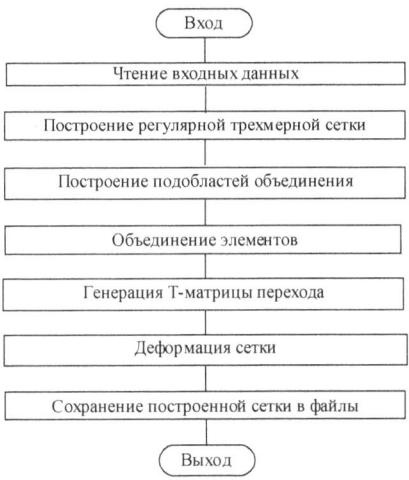

Рисунок 1 – Блок-схема алгоритма, реализующего построение трехмерной сетки

Основными задачами алгоритма, реализующего построение нерегулярной трехмерной сетки, являются, во-первых, уменьшение числа узлов в сетке (но с сохранением точности решения, получающегося на соответствующей регулярной сетке) путем объединения "вытянутых" в одном из направлений конечных элементов и удаления из сетки "лишних" узлов [4,532], а во-вторых, деформация сетки для аппроксимации геоэлектрических моделей среды с непараллельными и выклинивающимися слоями. Деформация сетки происходит путем "вытягивания" соответствующих узлов регулярной конечноэлементной сетки на изогнутую поверхность и пропорционально смещению соседних узлов. Примеры таких сеток приведены на рисунке 2.

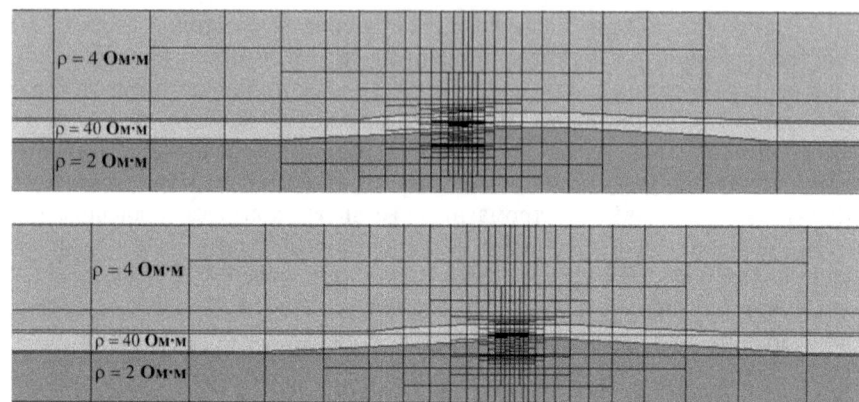

Рисунок 2 – Сечение трехмерной сетки плоскостью *y*=0 для задачи с изогнутым слоем для двух положений каротажного прибора

Литература

1. Соловейчик Ю.Г., Рояк М.Э., Моисеев В.С., Тригубович Г.М. Моделирование нестационарных электромагнитных полей в трехмерных средах методом конечных элементов //Физика Земли, 1998. – № 10. – С. 78-84.

2. Персова М.Г., Соловейчик Ю.Г., Тригубович Г.М. Компьютерное моделирование геоэлектромагнитных полей в трехмерных средах методом конечных элементов //Физика Земли, 2011. – № 2. – С. 3–14.

3. Badea E.A., Everett M.E., Newman G.A., Biro O. Finite-element analysis of controlled-source electromagnetic induction using Coulomb-gauged potentials // Geophysics, 2001. – vol. 66. – no. 3. – pp. 786-799.

4. Соловейчик Ю.Г., Рояк М.Э., Персова М.Г. Метод конечных элементов для решения скалярных и векторных задач. – Новосибирск: НГТУ, 2007. – 896 с.

Чижова Ю.В.

магистрант кафедры специальной педагогики и психологии, Федеральное государственное бюджетное образовательное учреждение высшего профессионального образования «Московский государственный гуманитарный университет имени М.А.Шолохова»

J.Chizhova@gmail.com

Волковская Т.Н.

доктор психологоческих наук, профессор кафедры специальной педагогики и психологии, ФГБОУ «Московский государственный гуманитарный университет имени М.А.Шолохова»

ПРОБЛЕМА ФОРМИРОВАНИЯ КОММУНИКАТИВНОЙ КОМПЕТЕНТНОСТИ ДОШКОЛЬНИКОВ СТАРШЕГО ВОЗРАСТА С ОБЩИМ НЕДОРАЗВИТИЕМ РЕЧИ

Активные инновационные процессы в системе специального образования характеризуются использованием новых научных подходов и методов к формированию личности детей с недостатками речи, их разностороннему развитию и социальной адаптации в современном обществе [4,3].

Несовершенство коммуникативных умений, речевая инактивность не обеспечивают процесса свободной коммуникации и, в свою очередь, не способствуют развитию речемыслительной и познавательной деятельности, препятствуют овладению знаниями, отрицательно влияют на личностное развитие и поведение дошкольника с недоразвитием речи. Недоразвитие речевых средств снижает уровень общения, способствует возникновению психологических особенностей, порождает специфические черты общего и речевого поведения, приводит к снижению активности в общении [2].

Такое отклонение в развитии как общее недоразвитие речи (ОНР), которое сопровождается незрелостью отдельных психических функций, эмоциональной неустойчивостью, указывает на факт наличия стойких нарушений коммуникативного акта, что, в свою очередь, затрудняет, а иногда вообще делает невозможным развитие коммуникативной компетентности детей.

В связи с вышеизложенным особую актуальность для теории и практики логопсихологии приобретает проблема коммуникативного развития детей с недостатками речи, в частности с общим недоразвитием речи (ОНР), и формирования у них значимых для продуктивного социального взаимодействия качеств личности [2;3]. Одной из ведущих характеристик личности выступает коммуникативная компетентность.

На базе дошкольных учреждений комбинированного вида г.Дзержинского Московской области было проведено экспериментальное изучение, в котором приняло участие 34 ребенка старшего дошкольного возраста. Экспериментальную группу составили 17 старших дошкольников, состояние речевой функции которых квалифицировалось ПМПК как «общее недоразвитие речи» (III уровень). Для сравнения привлекалась группа из 17 старших дошкольников с условной нормой речевого развития не прошедших ПМПК. На момент начала обследования возраст детей варьировал от 6 до 6,9 лет.

Для реализации задач исследования нами была составлена диагностическая программа, включающая два направления изучения. В рамках первого направления исследовались особенности вербальной коммуникации старших дошкольников. Такое изучение осуществлялось на основе следующих методик и приемов: анализ речевых карт; методика выявления вербальных коммуникативных трудностей ребенка «Сказка» [6,99].

В рамках второго направления - изучение коммуникативно-личностных особенностей старших дошкольников осуществлялось на основе: методики «Личностный профиль ребенка» [6,95]; методики диагностики неконструктивного поведения [1] ; социометрического эксперимента в виде игры «Секрет» [5].

Проведенное нами комплексное исследование коммуникативной компетентности старших дошкольников позволило получить следующие данные.

По результатам первого направления: анализ речевых карт было отмечено, что речевая недостаточность у дошкольников с ОНР (III уровень) проявилась на всех уровнях языковой системы (грамматика, лексика, фонетика). Нарушение звукопроизношения зафиксировано у 94% дошкольников (16 чел); в анатомическом строении артикуляционного аппарата в 12%(2 чел) случаев отмечены особенности, которые проявились в своеобразии прикуса (прогения); нарушение фонематических процессов выявлено в 88% случаев (15 чел); нарушения лексико-грамматического строя речи у 100% данных дошкольников.
- анализ методики вербальных коммуникативных трудностей «Сказка» выявил, что данные трудности, выявлены как у детей с ОНР, так и у детей с условной нормой речевого развития. Однако у детей с ОНР коммуникативные трудности преимущественно обусловлены недостаточностью операционального компонента общения, у детей с условной нормой речевого развития – с недостаточностью мотивационного компонента общения.

По результатам второго направления исследования определено, что основными деструктивными личностными характеристиками дошкольников с ОНР, затрудняющими процесс коммуникации выступили: социально-личностная незрелость в осуществлении процесса межличностного и коммуникативного взаимодействия; чрезмерная внушаемость, ориентация на мнение других, (конформность); робость, скованность, смущение и другие факторы, препятствующие социальной активности; низкая потребность в общении, отсутствие интереса к собеседнику, к теме разговора, направленность внимания только на свои собственные действия; результаты социометрии обнаружили, что значительный процент детей экспериментальной группы характеризуется низким социальным статусом.

Анализ результатов экспериментального исследования выявил определенную вариативность проявлений вербальных и коммуникативно-личностных трудностей у детей с ОНР, что определило необходимость разработки уровневой оценки сформированности коммуникативной компетентности у детей данной категории. На основании полученных показателей нами были определены уровневые критерии оценки, которые позволили выделить 3 уровня коммуникативной компетенции у старших дошкольников с ОНР: достаточный, средний, низкий уровень .

Оценивая особенности старших дошкольников с достаточным уровнем владением коммуникативной компетенцией, отметим у них отсутствие выраженных вербальных трудностей. Незначительные трудности у таких детей наблюдаются в подборе слов и словарных оборотов, они не испытывают выраженных затруднений в планировании высказывания, благодаря чему, смысл высказывания становится доступен собеседнику. В процессе межличностного взаимодействия неконструктивное поведение выражено незначительно, что скорее всего является возрастным или ситуативным. В зависимости от настроения и самочувствия эти дошкольники могут проявлять лидерские качества, стремятся к плодотворному сотрудничеству, но проявляют ситуативную активность; у таких детей достаточная степень адаптации к изменяющимся условиям. Результаты социометрического эксперимента, показали, что социальный статус дошкольников этой группы характеризовался как «предпочитаемые» и «принятые».

У дошкольников со средним уровнем владения коммуникативной компетенцией выявились стойкие нарушения коммуникативных аспектов общения. Вербальные трудности проявлялись прежде всего в недостаточной сформированности средств общения. В высказываниях преобладали короткие фразы, наблюдались нарушения связности и последовательности высказывания. Поведение этих детей зависимо от мнения и требований окружающих, наблюдаются тенденция к подчинению, неспособность выражать собственное мнение. Эти дети склонны больше наблюдать, чем участвовать. Социальный статус таких дошкольников, согласно данным социометрии, определялся как «принятые» и «непринятые».

Особенностью детей с низким уровнем владения коммуникативной компетенцией явились стойкие нарушения по всем диагностическим показателям. Выраженные вербальные трудности обнаруживались в использовании примитивных языковых средств, в затруднениях самостоятельно выражать собственные мысли, в снижении эмоционального фона. Низкие показатели коммуникативных умений отразились и на отсутствие потребности в общении, в наличии коммуникативных трудностей (тревожность, чрезмерная агрессивность, импульсивность). Согласно данным социометрии, социальный статус этих детей определялся как «изолированные».

Проведенный анализ результатов коммуникативной компетентности позволил сделать выводы, значимые для нашего исследования и определить, что коррекционная работа по преодолению коммуникативных трудностей у дошкольников с ОНР должна учитывать уровневые характеристики сформированности коммуникативной компетенции и осуществляться на основе индивидуально-дифференцированного подхода к ее организации. Наличие выявленных нами коммуникативных трудностей у дошкольников с условной нормой речевого развития нацеливает нас на необходимость проведения системы специальных мероприятий по их преодолению с целью предотвращения их школьной и социальной дезадаптации.

Литература:

1. Вайнер М.Э. Игровые технологии коррекции поведения дошкольников:мУчебное пособие для вузов- Педагогическое общество России, 2005 г.,96с.
2. Волковская Т.Н.Концептуальные основания системы психологической помощи детям с недостатками речи [Текст]: моногр/ Т.Н.Волковская.-М.:ООО ГИД, 2012.-382с.
3. Коммуникативно-речевая деятельность датей с отклонениями в развитии: диагностика и коррекция [Текст]:моногр/под ред.Г.В.Чиркиной, Л.С.Соловьевой.- Архангельск: Поморский университет, 2009.- 403с
4. Малофеев Н.Н. Особый ребёнок – обычное детство // Дефектология, 2010, № 6 – С.3 – 8.
5. Психологическое обследование детей дошкольного — младшего школьного возраста: Тексты и методические материалы / Ред.-сост. Г. В. Бурменская. — М.: УМК «Психология», 2003. — с. 257-267
6.Самохвалова А.Г. Коммуникативные трудности ребенка: проблемы, диагностика, коррекция: Учеб-мето.пособие/ А.Г.Самохвалова- СПб.:Речь, 2011,432 с.

Малыгина С.А.
НИ Томский государственный университет г. Томск, аспирант факультета психологии

ТЕОРЕТИЧЕСКОЕ ОБОСНОВАНИЕ ПОНЯТИЯ «АКТУАЛИЗАЦИЯ» КАК ПЕДАГОГИЧЕСКОЙ КАТЕГОРИИ

Понятие «актуализации» в отечественной педагогике не являются новыми, однако в научной литературе не нашло своего отражения в целостной концепции. Проблема актуализации носит междисциплинарный характер, рассматривается в различных отраслях знания, в контексте социально-психологических предпосылок, условий и механизмов личностного самоосуществления и саморазвития (Л.И. Антропова, Т.А. Ветошкина, Н.И. Шаталова и др.) в философии, психологии (психологии личности, возрастной психологии), педагогике, социологии и т.д. Актуализация как феномен связывает индивидуальное, социальное и культурное начала в жизни конкретного человека (А.А. Идинов, В.И. Муляр и др.) Теоретические модели актуализации являются важной частью теории педагогики и практики образования.

Проблеме актуализации посвящены исследования А.В. Гришина, Л.М. Кустова, М.К. Мамардашвили, актуализации знаний и личного опыта-А.С. Белкина, М.И. Кругляк, М.И. Махмутова, С.Л. Рубинштейна.

Уточним, что мы понимаем под терминами «актуализация». Наиболее общим является следующее определение: «Актуализация-осуществление, переход из состояния возможного в состояние действительности» [10,13]. Под возможностью мы понимаем объективную тенденцию становления предмета, выражающуюся, в наличии условия для его возникновения [10,62]. Для перехода возможности в действительность, необходимо реализовывать совокупность каких-либо условий, тогда возможность как результат переходит в действительность.

Понятие актуализации этимологически связано с латинским «aktualis», т.е. «деятельностный», что позволяет трактовать актуализацию как приведение потенциального (латентного) состояния субъекта в состояние деятельности (активности). В этом же смысле актуализация трактуется и в философии как понятие, обозначающее изменение бытия на основе идеи перехода от возможности к действительности. В социологии понятие актуализации является частью более общего понятия « социальная активность» и определяется по степени реагирования на изменения в социальной среде. В зарубежной психологии понятие актуализации широко используется в теории личности. В концепции К. Роджерса «тенденция к актуализации» является основным мотивом человеческой жизни, заключающийся в стремлении сохранять и развивать себя в конструктивном направлении, имеющим цели самоактуализации, зрелости, социальности [8]. Содержательный анализ понятия «активность личности» позволяет выделить определенные точки его согласования с понятием актуализации. Активность личности проявляется в деятельности, волевых актах, общении и потому определяется как деятельное отношение человека к миру, как способность человека производить преобразование материальной и духовной среды [10]. Актуализация в педагогике используется как составляющая понятий «актуализация знаний», «актуализация опыта».

С.Л. Рубинштейн рассматривает актуализацию знаний как синтетический акт соотнесения задачи и знаний. Его идеи о диалектической связи мышления с прошлым опытом, о том, что творческое мышление тесно связано с репродуктивным и требует актуализации соответствующих знаний, легли в основу концепции проблемного обучения [9].

Кругляк М.И. связывает механизм актуализации с вопросами, которые он считает структурными элементами умственного поиска при решении проблемы. Проблема последовательно разворачивается в цепочку вопросов, выполняющих эвристическую функцию. Они возникают в движении исследующей мысли и ориентируют на поиск и анализ фактов, недостающих при решении проблемы [2]. У Белкина А.С. Актуализация заключается в востребовании жизненного опыта человека, его интеллектуально-психологического потенциала в образовательных целях. Жизненный опыт трактуется как витагенная информация, принадлежащая личности и, будучи отложенной в резервах долговременной памяти, находится в состоянии постоянной готовности к актуализации в адекватных условиях [1].

Частью базисного стремления к актуализации является актуализация своего Я. В концепции самоактуализации А. Маслоу указывается на то, что самоактуализированные люди вовлечены в дело, выходящее за пределы их насущных личных интересов, в нечто во вне себя. Маслоу выделил пятнадцать основных качеств самоактуализирующейся личности, среди которых высокая степень самоорганизации, тяга к новому, способность правильно предсказать события, деловая направленность, демократичность в отношениях [6]. В этом смысле, самоактуализация-это высший уровень проявления потенциала личности, стремление к полному выявлению и постоянному развитию своих возможностей. Данное определение представляется важным для нашего исследования, так как оно основано на практической (деятельностной) реализации потенциала.

В отечественной педагогике понятие самоактуализации связывается с осмыслением некоторых сторон общего саморазвития личности и понимается как « интеллектуальное выдвижение в зону интенсивного анализа для решения возникших задач необходимых для этого своих личностных ресурсов, как своеобразное «заострение» внутренних сил на выявлении уровня своей готовности ее решать (концепция Л.Н. Куликовой) [11].

Как механизм развития личности актуализация проявляется в двух основных компонентах: 1) содержательный компонент, определяющий конкретные особенности личности, являющиеся потенциальными, если они не осознаны и не реализуются субъектом применительно к какому-либо виду деятельности; 2) процессуальный компонент-указывает на те действия, которые актуализируют (выявляют) данные особенности. В качестве основных принципов актуализации как образовательного феномена мы определяем: 1) развитие-как доминирующий принцип актуализации; 2) деятельностный характер процесса актуализации; 3) рефлективность-принцип, направленный на формирование личных смыслов деятельности и развития;

Таким образом, на основании анализа психолого-педагогической литературы, мы предлагаем рассматривать самоактуализацию как педагогическую категорию, определяющую стремление человека к постоянному деятельностному развитию в направлении большей компетентности и субъектности. Актуализация представляется нам как–индивидуализированный образовательный процесс, обеспечивающий самодвижение, осуществляемое в единстве внутреннего (индивидуального) и внешнего (социального), результатом которого является проявление стремления человека к развитию собственной субъектности и компетенций.

Литература:

1. Белкина А.С., Жукова Н.К. Витагенное образование. Многомерный голографический подход.- Екатеринбург, издательство Уральского университета, 2001.-108 с.

2. Кругляк М.И. Знание и мышление // Народное образование.-1790, № 1, с. 128-142

3. Кустов Л.М., Гришин А.В. Педагогические аспекты актуализации социально-педагогической инициативы специалистов профессиональной школы. // Образование и наука.-2002.-№1.-с.27-37.

4. Мамардашвили М.К. как я понимаю философию.-М.: Прогресс, 1990.-365с.

5. Маслоу А. Дальние пределы человеческой психики: пер с англ. - СПб., 1997.-324с.

6. Маслоу А. Мотивация и личность. - СПб., - 1999.-296 с.

7. Педагогическая энциклопедия. Актуальные проблемы современной педагогики / под ред. Тулькибаевой Н.Н.-М.: издательский дом «Восток», 2003.-274с.

8.   Роджерс К. Человекоцентрированный подход в психотерапии // Вопросы психологии. - 2001, №2.-С.48-58

9.   Рубинштейн С.Л. основы общей педагогики в 2 т.-М.: Педагогика, 1986, т.1.

10.   Философский словарь / под ред.   С.С. Аверинцева. - М.: Советская энциклопедия.-1989.-270с.

11.   Челпанова Е.В. Педагогические   средства   актуализации коммуникативной компетентности будущих учителей // Вестник ЧГПУ: «Развитие и становление личности в образовательном процессе». - М.: Образование, 2005.-№ 27.-с.285-290.

Куткова И.А.,
магистрант кафедры специальной педагогики и специальной психологии
ФГБОУ МГГУ им. М. А. Шолохова
kutkovai@mail.ru
Волковская Т. Н.
доктор психологических наук, профессор кафедры специальной
педагогики и специальной психологии ФГБОУ МГГУ им. М. А. Шолохова

МАТЕРИАЛЫ ЭКСПЕРИМЕНТАЛЬНОГО ИЗУЧЕНИЯ КОММУНИКАТИВНОГО ПОТЕНЦИАЛА ДОШКОЛЬНИКОВ С ОБЩИМ НЕДОРАЗВИТИЕМ РЕЧИ

Комплекс коммуникативных возможностей человека является сложной системой, которая определяется индивидуальными коммуникативными особенностями человека. Современные исследователи характеризуют эти особенности как коммуникативный потенциал личности. [2, 55];[3, 132].

Проблема коммуникативного потенциала детей дошкольного возраста в настоящее время активно разрабатывается в научных исследованиях, однако вопросы, связанные с коммуникативными возможностями детей с недостатками речевого развития (в частности с общим недоразвитием речи (ОНР)) не находят отражения в специальной литературе. Данный факт затрудняет разработку методического и технологического обеспечения коррекционного процесса по преодолению коммуникативных трудностей детей обозначенной категории.

Возникшие противоречия между возросшим значением коммуникативной методологии в исследовании проблемы социализации детей с трудностями в речевом развитии и недостаточной нацеленностью психолого-педагогических мероприятий на формирования у них коммуникативного потенциала личности, а также между необходимостью дальнейшего целенаправленного изучения коммуникативного развития дошкольников с общим недоразвитием речи и отсутствием достоверных показателей оценки уровня сформированности их коммуникативного потенциала вызвали необходимость проведения экспериментального исследования коммуникативного потенциала дошкольников с ОНР, и выявления его особенностей.

Исследование проводилось в дошкольном учреждении компенсирующей направленности г. Дзержинский Московской области и носило сопоставительный характер. В исследовании принимало участие 34 ребенка 5 года жизни из которых 17 дошкольников с логопедическим заключением ОНР (II - III уровень) и 17 дошкольников с нормальным речевым развитием.

Для реализации задач исследования нами был составлен диагностический комплекс, который включал следующие направления изучения: изучение коммуникативно-речевых возможностей детей *(традиционные логопедические приемы и наблюдение, беседа)* [1, 287]; [2, 27]; изучение коммуникативно-личностностных особенностей *(метод оценки коммуникативных качеств ребенка на основе анкетирования родителей)* [3, 110].

В ходе исследования были выявлены следующие особенности структуры коммуникативного потенциала дошкольников с общим недоразвитием речи (II-III уровень). В *базовом компоненте* у детей **ЭГ** только у 1 ребенка был отмечен *достаточный уровень.* Ребенок легко шел на контакт, был дружелюбен, открыт к отношениям со сверстниками и взрослыми. Он откликался на просьбы и реагировал на замечания, действовал сообща с другими детьми. 16 человек (94%) продемонстрировали *средний уровень* базового компонента. Трудности в общении детей данной группы были связаны с недостатком коммуникативных знаний, неумением наблюдать за участниками коммуникации, неспособностью предугадывать дальнейшее развитие коммуникативной ситуации. Данной группе детей была свойственна закрытость, затруднение в осуществлении диалога. Дети с трудом принимали другого человека, что обуславливалось непониманием внутреннего состояния собеседника, неумением дифференцировать эмоциональное состояние партнера, отсутствием эмпатии, но тем не менее дети этой группы могли обратиться за помощью и принять ее. *Низкого уровня* базового компонента в **ЭГ** выявлено не было.

Характеризуя структуру коммуникативного потенциала детей **КГ** можно выделить следующие характеристики: *достаточный уровень* базового компонента у 5 человек (29%). Дети легко вступали в контакт со сверстниками и взрослыми, были заинтересованы в общении, ориентировались в ситуации общения. *Средний уровень* базового компонента у 12 человек (71%). Данной группе была свойственна нерезко выраженная способность к дифференциации эмоциональных состояний партнеров, а также недостаточность средств общения. *Низкий уровень* базового компонента в КГ выявлено не было.

Содержательный компонент коммуникативного потенциала детей ЭГ и КГ характеризовали следующие показатели: В ЭГ у 1 человека был отмечен *достаточный уровень* содержательного компонента. Ребенок проявлял инициативу в общении, ориентировался в речевой ситуации, взаимодействовал со сверстниками и взрослыми, с учетом потребностей партнеров по коммуникации. *Средний уровень* содержательного компонента был выявлен у 16 человек (94%). Дети данной группы не владели алгоритмом построения коммуникативного действия. Они не использовали собственные знания в конкретной коммуникативной ситуации. Особую трудность представляло моделирование коммуникативной программы и использование ее для разрешения данной конкретной ситуации. *Низкий уровень* содержательного компонента выявлен не был.

Достаточный уровень содержательного компонента у детей **КГ** в 7 случаях (41%). Дети данной группы легко шли на контакт со сверстниками и взрослыми, откликались на просьбы, адекватно реагировали на замечания, проявляли инициативу в общении. Контролировали свое поведение. *Средний уровень* содержательного компонента у 10 детей (59%) показал, что дети данной группы не оперируют собственными знаниями в конкретной коммуникативной ситуации. Им сложно моделировать коммуникативную программу и использовать ее для разрешения данной ситуации. *Низкого уровня* содержательного компонента выявлено не было.

Операциональный компонент коммуникативного потенциала на *достаточном уровне* дети ЭГ не продемонстрировали. *Средний уровень* операционального компонента отмечен у 5 человек (29%). Данная группа детей не выражала свои мысли ясно, контекстная речь преобладала над связной, при составлении рассказа по серии сюжетных картинок наблюдалось нарушение логической последовательности, рассказ ограничивался простым перечислением предметов или действий, причинно-следственные отношения устанавливались с помощью взрослого. При пересказе действующих лиц выделяли с помощью уточняющих вопросов. У данной группы детей наблюдалось нарушение звукопроизношения связанное с фонетическими трудностями. *Низкий уровень* операционального компонента выявлен у 12 человек (71%). Дети данной группы не умеют точно, грамотно, ясно выражать свои мысли. Обследуемые продемонстрировали стойкое недоразвитие речи: *лексики, фонетики, грамматики,* при оценке недостаточности различных компонентов речи у детей экспериментальной группы наблюдался недостаточный словарный объем, требовалось повторение и расширение инструкций с помощью побуждающих вопросов.

В **КГ** *достаточный уровень* **операционального компонента** у 4 дошкольников (24%). Они легко вступают в контакт, открыто выражают свое отношение к собеседнику, понимают коммуникативную ситуацию и занимают оптимальную коммуникативную позицию в контактах. *Средний уровень* операционального компонента у 13 человек (76%). Дети данной группы способны вступать в общение, они ориентируются в партнерах, и в ситуации общения. Недостаточная сформированность средств общения проявилась в неумении грамотно, точно выражать свои мысли. *Во фразовой речи* детей использовались как простые предложения различной структурной организации, так и сложные синтаксические конструкции. При пересказе рассказа допускались смысловые неточности, повторения ранее сказанного, с сохранением понимания прочитанного. Дети правильно отвечали на вопросы. При составлении рассказа по серии сюжетных картин заметных трудностей выявлено не было. Дети данной группы исправляли свои ошибки, анализировали итоги общения. *Низкого уровня* операционального компонента выявлено не было.

Результаты анкетирования в **ЭГ** показали у 7 человек (41%) *достаточный уровень* **рефлексивного компонента.** У детей данной группы сформирована положительная самооценка. Они адекватно оценивали себя и свое взаимодействие со сверстниками и взрослыми. *Средний уровень* рефлексивного компонента был отмечен у 9 дошкольников 53%. Дети данной группы имели несколько заниженную самооценку, что обусловлено их коммуникативными особенностями, прослеживалось нарушение межличностных взаимоотношений. У 1 человека *низкий уровень* рефлексивного компонента. У него наблюдались выраженные коммуникативные трудности, которые характеризовались отсутствием проявления интереса к общению, сотрудничеству со сверстниками и взрослыми, что было связано с ярко выраженной недостаточностью языковой компетенции.

В **КГ** результаты анкетирования распределились следующим образом: *достаточный уровень* **рефлексивного компонента** у 9 человек (53%). Дети данной группы оценивали себя адекватно, открыто выражали свои отношения со сверстниками и взрослыми. У 8 человек был выявлен *средний уровень* рефлексивного компонента (47%). Дети были способны вступать в общение, но у них прослеживались минимальные проявления личностных и коммуникативных нарушений, наблюдалось отсутствие осознанного интереса к общению. *Низкий уровень* рефлексивного компонента был отмечен у 1 человека, что свидетельствовало о низкой самооценке, наличии выраженных коммуникативных трудностей, неумении общаться и сотрудничать со сверстниками и взрослыми.

Таким образом, по результатам изучения дошкольников с ОНР (II-III уровень) были сделаны следующие научные обобщения:

- в основе коммуникативной дезадаптации детей с общим недоразвитием речи лежат трудности коммуникативного потенциала личности.
- Структура коммуникативного потенциала дошкольников с общим недоразвитием речи характеризуется разноуровневыми характеристиками основных его компонентов: *достаточным, средним, низким.*

Литература:

1. Волковская Т. Н. «Концептуальные основания системы психологической помощи детям с недостатками речи». Монография. - М.: Издательство ООО «Гид» 2012г.

2. Методы обследования детей. /Под ред. Г. В. Чиркиной. – М., 2005.

3. Самохвалова А. Г. Коммуникативные трудности ребенка проблемы, диагностика, коррекция. – Санкт – Петербург 2011.

4. Рыжов В. В. Психологические основы коммуникативной подготовки педгога. – Н. Новгород: НГУ, 1994

Бубнова Л.М.
преподаватель ГБОУ СПО «Поволжский государственный колледж»,
г. Самара 89608317212@mail.ru

ГОТОВНОСТЬ К ПРОФЕССИОНАЛЬНОЙ ПЕДАГОГИЧЕСКОЙ ДЕЯТЕЛЬНОСТИ СПЕЦИАЛИСТОВ ТЕХНИЧЕСКОГО ПРОФИЛЯ

Готовность к профессиональной педагогической деятельности, становится в настоящее время предметом исследований многих ученых. Это объясняется все возрастающим требованием к педагогу как к лидеру, новатору в условиях кардинальных изменений в обществе. В современной науке понятие «профессиональная педагогическая деятельность» связывается с постоянным профессиональным обучением и отражает непрерывный процесс овладения знаниями, умениями и навыками, необходимыми для самостоятельной профессиональной деятельности.

Государственный образовательный стандарт высшего образования, трактует содержание готовности, к специалистам технического профиля. Следовательно, готовность выступает одним из критериев результативности профессиональной подготовки специалиста и является связующим звеном между процессом вузовской подготовки и трудом специалиста, где готовность выступает как положительная установка на будущую деятельность.

К вопросу формирования модели современного специалиста обращаются многие исследователи. Понятие это рассматривается с различных точек зрения.

В своих исследованиях Л.П. Саксонова, под моделью специалиста понимает систему характеристик, необходимых для соответствия уровню современного специалиста в условиях непрерывного развития науки и техники [3, 102]. Модель специалиста технического профиля – это некий идеал, к которому надо стремиться в процессе всей теоретической и практической подготовки.

В своих исследованиях В.Д. Шадриков характеризует специалистов технического профиля, как специалиста способного получать знания из различных источников, владея современными информационными технологиями, применять современные методы проведения научных исследований, трансформировать приобретенные знания в инновационные технологии. А также обладать коммуникативными навыками, умением адаптироваться к переменам, нести ответственность за свои решения, то есть способностью полноценно жить в условиях современного общества [5, 26].

В своих трудах Э.Ф. Зеер, модель специалиста технического профиля описывает как профессионально развитую личность, с сформировавшейся социальной, коммуникативной, когнитивной, социально – информационной и специальной компетенцией [1,36].

В своих работах Н.Ф. Талызина, модель будущего специалиста технического профиля описывает как модель его подготовки, через описание и выделение типовых задач, которые специалист должен будет решать в своей будущей профессиональной деятельности, с учетом требований работодателей. [4,28]. Эти требования должны отражаться в учебных планах и программах, методах обучения, организации учебного процесса.

В своих исследованиях А.В. Пономарев дает такое определение специалиста технического профиля: это выпускник, обладающий развитыми социально-значимыми компетенциями, способный к порождению новых смыслов и ценностей инженерной деятельности в изменяющихся социокультурных условиях, готовый к ответственности за технологическую безопасность деятельности и последствия влияния своей работы на природу и общество [2, 18].

Предлагаемая новая система профессиональной подготовки специалиста, состоящая из самостоятельных, но взаимосвязанных и взаимообусловленных подсистем, должна обеспечить педагогическую и психологическую грамотность, а также многоаспектную готовность будущего специалиста. Поэтапное становление такой готовности обеспечивает включение студентов в процесс моделирования структуры профессиональной деятельности, модернизацию содержания дидактического образования.

Готовность к профессиональной педагогической деятельности – есть овладение системой профессионального обучения, с ускоренным приобретением навыков, необходимых для выполнения определенной работы, группы работ.

Однако, готовность к профессиональной педагогической деятельности, не может ограничиваться только овладением будущих специалистов технического профиля процессуальной стороной профессиональной педагогической деятельности. Также необходима целенаправленная деятельность по формированию и развитию личностно – значимых качеств, способствующих эффективной профессиональной педагогической деятельности специалистов технического профиля. Так, более обоснованным является понимание готовности к профессиональной педагогической деятельности, как овладение «системой организационных и педагогических мероприятий, обеспечивающих формирование личности – профессиональной направленности, знаний, умений, навыков и профессиональной готовности» [4,106].

Готовность к профессиональной педагогической деятельности, с позиций компетентностного подхода есть интегративная характеристика, включающая теоретические и методические знания; профессиональные и прикладные, умения; положительное отношение к педагогической деятельности, способность решать профессиональные задачи. Готовность к профессиональной педагогической деятельности формируется в течение всего периода обучения в вузе.

В своих трудах Е.В. Шипилова характеризует готовность к профессиональной педагогической деятельности студентов как динамичное явление. Формируясь в процессе обучения в вузе, готовность к профессиональной педагогической деятельности студентов претерпевает позитивные качественные и количественные изменения, наращивается и отражается в поступательной динамике перехода от одного уровня к другому, определяется внутренним балансом между ее компонентами, и обеспечивает продуктивное решение учебных и профессиональных задач разной сложности и содержания (от репродуктивных до эвристических). Переход от одного уровня готовности к профессиональной деятельности студентов к другому связан с этапами обучения в вузе [6, 8].

Таким образом, понятие «готовность к профессиональной педагогической деятельности будущих специалистов технического профиля» является многоаспектным и неоднозначным в своем толковании. Она имеет динамическую структуру, между компонентами которой имеются функциональные зависимости.

Литература:

1. Зеер Э.Ф. Психология профессионального образования. Учеб. пособ. 2-е изд., перераб. - М.: Изд-во Московского психолого-социального института; Воронеж: НПО «МОДЭК», 2003. - 480 с.

2. Пономарев А.В. Социально -педагогическая функция вуза в изменяющихся социокультурных условиях / А.В. Пономарев // Казанский педагогический журнал. 2009. № 10.

3. Саксонова Л.П. Культуросообразность технического образования. Монография / Л.П. Саксонова, Самар. гос. техн. ун-т. Самара, 2006. - 491 с.

4. Талызина Н.Ф. Педагогическая психология. –М.:ACADEMIA, 2003. – 288 с.

5. Шадриков В.Д. Новая модель специалиста: инновационная подготовка и компетентностный подход // Высшее образование сегодня. - 2004. - №8. - С.26

6. Шипилова Е.В., «Формирование психологической готовности студентов-психологов к профессиональной деятельности», автореферат на соискание ученой степени кандидата психологических наук, М., 2007

Лосев А.Л.
преподаватель Поволжского государственного колледжа.
kateloss@yandex.ru

ФОРМИРОВАНИЕ ПОЗИТИВНОГО ОТНОШЕНИЯ К ОБУЧЕНИЮ СТУДЕНТОВ КОЛЛЕДЖА

Анализ научно-исследовательской литературы, посвященной проблеме отношений индивидуума к различным сферам бытия с точки зрения психологии и философии, позволяет сделать заключение о том, что термин "отношение" является весьма неоднозначным, многогранным понятием. В наиболее общем, универсальном виде, его можно определить как систему взаимодействий, имеющих разные векторы направленности.

Одним из векторов направления отношений является отношение личности к учебной деятельности. По сути, это целая система отношений (к учебному предмету, к преподавателю, ведущему этот предмет, к своим собственным результатам и т. д). Сформировавшееся устойчивое позитивное отношение к данным составляющим является свидетельством зрелости личности, ее готовности к дальнейшему саморазвитию и постижению реалий окружающего мира.

На формирование позитивного отношения к учебной деятельности оказывает влияние целый ряд факторов: индивидуальных качественных характеристик обучающегося, психологических возрастных особенностей, а так же внешних педагогических условий, сформировавшихся в данном учебном заведении (профессионализм преподавательского состава, качество учебных программ, психологическая атмосфера.)

Изучение работ, связанных с анализом отношения к обучению, показал что, в основном, данная проблема исследовалась на базе младших классов средней школы. Отношение к обучению учащихся старших классов и студентов средних специальных и высших учебных заведений рассматривается значительно реже. По этой причине исследование процесса формирования позитивного отношения к учебе у подростков представляется нам весьма актуальным.

Предметом нашего исследования является проблема повышения уровня мотивации к обучению у студентов инженерно-педагогического отделения Поволжского государственного колледжа – будущих мастеров производственного обучения и преподавателей технических дисциплин.

Специфика возраста студента, обучающегося в среднем специальном учебном заведении, заключается в том, что в данный период развития у человека наблюдаются всевозможные противоречия личностного развития, влекущие за собой весьма существенные изменения во взаимоотношениях с родителями, преподавателями и своими сверстниками. В этот период происходит изменение отношения к учебному процессу. С одной стороны, наблюдается становление более осознанных, зрелых форм мотивации к обучению, а с другой – налицо ее ослабление, связанное с проявлением большего интереса к внешнему миру, находящемуся за пределами учебного заведения. Отсюда - желание противопоставить себя взрослым, отстоять собственную независимость, права, но одновременно и желание получить помощь, поддержку, одобрение, позитивные оценки со стороны родителей и учителей.

Специфической чертой этого периода жизни можно считать тягу к общению со сверстниками, стремление к демонстрации самостоятельности, полную независимость, автономность. Зачастую, желание общаться со сверстниками является доминантным в системе отношений. Весьма характерным становится стремление подростка утвердиться в своем окружении.

Период обучения в среднем специальном учебном заведении - это время формирования абстрактного мышления, то есть мышления, которое направлено на понятия, не имеющие связи с конкретными представлениями. Именно данный вид мышления, развивая рефлексию, позволяет подростку размышлять о самом себе, развивая самосознание.

Исследования И.В. Дубровиной и Ф.Д. Рассказова свидетельствуют о том, что для подросткового периода характерно ярко выраженное эмоциональное отношение к изучаемым предметам и дисциплинам. Большинство учащихся находят в себе способности к тому или иному предмету, причем выводы делаются не по действительной успеваемости, а исключительно на субъективной основе. Данное отношение к себе, к своим возможностям самым благоприятным образом складывается на формировании позитивного отношения к учебному процессу; развивая способности, интересы, умения и навыки. Поэтому основной задачей преподавателя является поддержание у студента позитивных эмоциональных переживаний, помогающих формированию у него навыков самостоятельного усвоения новых знаний. [3,405; 4,101]

В этот период подросток крайне негативно относится к жесткому, авторитарному стилю работы преподавателя. И наоборот, всячески приветствуется отсутствие пошагового контроля со стороны преподавателя, владеющего инициативой, но определяющего лишь общие параметры взаимодействия. По мнению В.Г. Степанова, преподаватель способен оказать весьма существенную помощь в развитии у студента мотивации к обучению, если обратит внимание на его индивидуальные способности, влияющие(как позитивно, так и негативно) на формирование адекватной мотивации. Поэтому учащийся должен видеть в преподавателе человека, заинтересованного не только в качественном преподавании, но и в качественном усвоении им учебной дисциплины.[5,199]

По утверждению И.В. Галковской, в подростковом возрасте свойственно говорить о будущем. Однако, отношение к учебе связывается не с перспективой, а определяется сиюминутными потребностями и желаниями. Следовательно, в данный период мотивация к обучению должна формироваться через укрепление самооценки обучающегося.[2,15]

"Взрыв" любознательности, свойственный этому периоду, носит инфантильный, несистемный характер. Ее связь с учебной программой практически полностью отсутствует. Такая любознательность, в основном, направлена на изучение мира за пределами учебного заведения и служит для "подпитки" всё возрастающего чувства взрослости.

По утверждению Д . Б. Эльконина, формирующиеся интересы подростка представляют из себя лишь основу, на которой в будущем разовьются истинные,обладающие личностным смыслом, интересы.[6,219] Поэтому, формирование позитивного отношения к обучению определяется главным образом состоянием общей атмосферы учебного заведения, желанием преподавателей передать учащимся увлеченность своим предметом.

В основе проблемы психологического развития подростка является проблема, связанная с его интересами. Как отмечал Л.С. Выготский, на каждой степени человеческого развития все психологические функции проявляются не бессистемно, не случайно и не автоматически. Они действуют по определенной системе, направляясь уже сформировавшимися у личности интересами, стремлениями и желаниями. [1,140]

Анализ результатов исследований свидетельствует о том, что позитивное отношение к обучению является весьма важной педагогической проблемой, так как чаще всего учебная мотивация для полноценного усвоения содержания учебной программы развита недостаточно, следовательно, работа по формированию позитивного отношения к обучению должна вестись постоянно и постоянно совершенствоваться.

Мы определяем позитивное отношение к обучению как присущее личности свойство, характеризуемое осмысленным стремлением к усвоению знаний, предлагаемой программой учебного заведения, когда происходит активизация познавательной деятельности, вызывающая потребность обретения новых знаний. Если позитивное отношение сформировано, то осуществляемая деятельность по усвоению программы обучения происходит эмоционально положительно, принося обучающемуся чувство удовлетворения, радости и значимости этого процесса.

Позитивное отношение к учебе студентов, избравших в качестве своей будущей профессии педагогическую деятельность, является, на наш взгляд, важнейшим из условий, необходимых для достижения ими значительных результатов в профессиональном становлении. Позитивное отношение к учебному процессу необходимо рассматривать как первую (и наиболее значимою) ступень обретения будущим преподавателем профессиональных педагогических умений и навыков, педагогических установок, личностного саморазвития и становления в конечном итоге полноправным субъектом педагогического труда, способным не только к его осуществлению, но и к его развитию совершенствованию и модернизации.

Литература:

1. Выготский Л.С. Психология подростка//Сочинение в 8 томах, М.: Педагогика, 1983-Т.4, -С.5-242.

2. Галковская И.В. Самостоятельная познавательная деятельность учащихся в системе модульного обучения//Автореферат дисс. канд. пед. наук, - СПб.: 1996,-21 с.

3. Практическая психология образования// Под ред. И.В. Дубровиной. Учебник для студ. выс. и сред. спец. учеб. заведений, М.: ТЦ Сфера, 2000,-528с.

4. Рассказов Ф.Д. Гуманитарная подготовка – основа формирования мировоззрения личности// Актуальные проблемы совр. педагогики. Сборник науч. статей. Шадринский гос.пед. ин-т, 2001, -С. 94-106.

5. Степанов В.Г. Психология трудных подростков, М.: Академия, 1998,-320 с.

6. Эльконин Д.Б. Психическое развитие в детских возрастах// Избранные психологические труды, М.-Воронеж, изд-во «Институт практической психологии», НПО МОДЭК, 1995,-416с.

Sharapova O.
Senior lecturer at Kharkiv National Automobile and Highway University

PEDAGOGICAL CONDITIONS OF FORMING SELF-RELIANT LEARNING ACTIVITY SKILLS OF FOREIGN STUDENTS AT PREPARATORY DEPARTMENTS OF HIGHER EDUCATION INSTITUTIONS

In the contemporary conditions of higher education modernization, which stipulates creation of a single educational and scientific space, formation of unified, standard evaluation criteria, and providing high quality educational process, the issue of effectively teaching foreign students at preparatory departments of higher education institutions becomes urgent. Preparatory departments of higher education institutions have to prepare foreign students for getting higher education together with Ukrainian students in a short time. This, in turn, provides a solution to such interrelated tasks:

• acquisition of a certain amount of educational content, which must correspond to the level of training in Ukrainian schools;

• mastery of Russian (Ukrainian) language to the extent that would allow the student in the future to proceed with self-reliant learning activity and practice;

• systematization and filling the gaps in students' knowledge on various subjects;

• teaching specific language for the main training courses;

• formation of basic skills according to the learning objectives at the preparatory department.

Solving these tasks will contribute to forming self-reliant learning skills in foreign students, which, in turn, will ensure the development of creative potential of students for effective future educational and professional activity.

The problem of teaching foreign students is closely studied by both Ukrainian and foreign scholars. A significant contribution into the development of this problem has been made by K. Balakiryan, E. Walker, M. Golubev, M. Ivanova, A. Iskandarov, L. Makarenko, I. Milovanova, M. Molotkov, T. Nevezhina, L. Sokolenko, S. Spaulding, A. Suryhin, M. Flack, I. Chuksina and other scientists.

Most important for our study are the scientific works of T. Dementieva, which reveal the formation of communicative competence of foreign students in the pre-university education; V. Tarasenko, which distinguish the features of formation of professional and communicative competence of foreign students in interdisciplinary coordination; N. Bulgakova, which are devoted to the problem of training foreign nationals in natural sciences and mathematics at technical university; L. Hatkova, whose research is focused on finding ways to enhance the cognitive activity of foreign students at preparatory faculty;

A. Tetyanchenko which establish pedagogical conditions of communication with foreign students in the educational process and so on.

Numerous research on teaching foreign students at preparatory departments of higher education institutions strongly suggest that they are devoted to the problems of forming a particular skill and do not reflect general characteristics of self-reliant learning activity skills, their existence in unity. The level of self-reliant learning activity skills formation is an important criterion for the success of training future professionals, and the problem of skills composition and structure determination, their formation technology will always be of interest to theorists and practitioners of higher education.

Therefore, the main purpose of the article is to study the pedagogical conditions of formation of self-reliant learning activity skills of foreign students and determine means of creating such conditions in educational process at preparatory departments of universities.

In philosophical, sociological and pedagogical dictionaries the term "condition" is defined as: a) a circumstance, something depends on; b) a request made to someone (something); c) an oral or written agreement about something, an arrangement; d) the rules established in any sphere of life; e) background of an event; g) a requirement, which should be taken into account.

A derivative of the concept of "condition" is the category of "pedagogical conditions", which also has no unambiguous interpretation. V. Atamanyuk and R. Gurevich see "pedagogical conditions" as the circumstances that affect the success of the operation and development of a certain educational system [2]. N. Manzhelyy defines the discussed notion as requirements that teachers are to meet in order to ensure the effectiveness of the educational process [4]. These requirements, having objective nature, are determined by the features of students' self-reliant learning activity.

A certain amount of research is dedicated to the problem of substantiation of conditions of students' self-reliant learning activity. Among them it is worth mentioning scientific works by V. Moroz, S. Kustovskiy, M. Soldatenko, M. Smirnova. A. Tsyupryk and others.

In view of the conducted analysis of psychological and pedagogical literature on the problem, the term "pedagogical conditions" is defined as a set of factors that contribute to effective process of formation of self-reliant learning skills of foreign students at preparatory departments to train a personality intellectually adapted to studying at a national higher education institution, a personality that is able to obtain all range of educational services of higher technical education in Ukraine along with Ukrainian students.

The current state of pre-university training of foreign citizens at the preparatory departments of universities in Ukraine is characterized by the need to take into account the new trends and realia in higher education due to the creation of a single educational and scientific space and implementation of the Bologna Declaration. Thus, an important methodological problem of improvement of teaching foreign students at preparatory departments is to improve the educational process by introducing modern models of mastering the Russian (Ukrainian) language.

It should also be noted that the solution to this problem is particularly important in terms of increasing proportion of students' self-reliant work at higher education institutions and the insufficient level of its implementation with foreign students because of their low skills level in educational and professional sphere of communication.

Hence, increases the need to introduce communicative-oriented teaching the Russian (Ukrainian) language in the sphere of humanities as well as natural and mathematical sciences to foreign students at preparatory departments of higher technical education institutions.

The ultimate goal of learning Russian (Ukrainian) as means of communication in the educational and professional field is to develop a certain level of communicative competence.

Common European Framework of Reference for Languages defines competence as the sum of knowledge, skills and characteristics, allowing an individual to perform certain actions. In terms of learning a foreign language are distinguished:

• general competence — not specific to speech, but necessary for any activity, including speech;

• communicative competence — provide ability to act, perform professional activities, using specific linguistic tools [3].

Thus, formation of communicative competence of foreign students implies future specialist acquiring knowledge and skills in the Russian (Ukrainian) language in terms of understanding the social significance of their chosen profession, the ability to use professionally directed foreign language in order to perform educational and professional activities. Communicative competence is the base for forming self-reliant learning activity skills

The introduction of communicative-oriented teaching will provide, through optimization and selection of components of communicative content of disciplines, interdisciplinary connections, determining the situational and thematic minimum and phased communicative tasks, acquiring communicative competence by foreign nationals at preparatory departments, which in turn will lead to efficient self-reliant learning activity skills formation process

Thus, the following are means of creating pedagogical conditions that will ensure the effectiveness of self-reliant learning activity skills formation, implementation of communicative-oriented teaching based on communicative needs of foreign students at preparatory departments of higher technical education institutions:

• increase of proportion of topics for self-reliant learning and, therefore, the introduction of such forms of learning as debate, specific situations analysis, role play, presentations, small group work, individual tasks;

• accentuation of attention during the educational process on a subject dialogue as well as written essays, which promotes forming communication skills of foreign students in the educational and professional field;

• use computer testing; programmable knowledge test; debatable oral test to monitor foreign students' knowledge and skills;

• improving educational methodological support – creating textbooks, manuals, terminological dictionaries on basic disciplines, guidelines, software, lectures notes, etc.;

• rational and scientifically based selection of necessary and sufficient information, its timely update; enriching the content of disciplines with theoretical, methodological, cultural information aimed at forming positive motivation and goals to master chosen specialty, its structuring according to the logic of study and consistency of learning;

• use of computer technologies that accelerate the educational process and make it more informative and scientifically supported, reduce time loss of both teachers and students, create additional means of self-reliant learning activity motivation, train perseverance, diligence and respect to work.

It is known that the motives which drive activity are defined by a set of urgent needs. This statement regarding self-reliant learning activity can be formulated as follows: the actual incentives for activity and the level of their implementation, characteristic for a particular student, cannot be understood, if the system of individual urgent needs is not detected. Thus, for the formation of self-reliant learning activity skills of foreign students it is necessary to find out what kinds of needs most often determine a person's behavior at the level of defining the potential set of needs, as well as the level of their individual expression.

Consideration of features of motivational sphere of foreign students training at preparatory departments of higher technical education institutions cannot be complete without taking into account the leading regulator of any activity — a vector, by A. Leontiev, "motive - objective" [5]. Activity formation begins with the person's acceptance of the objective, so the process of goal formation and determination the objectives hierarchy is very important. The process of goal formation is deeply personal, that's why you cannot ignore motives — incentives: student's life prospects (personal plans), identification of the dominant motive that serves as a system forming factor in regards to the other activity motives.

Development of motivational aims at self-reliant learning activity of foreign students is directed at determining internal motives, which arise from the realizing the contradiction between knowledge, competence and skills, that the student already has and the need to acquire new, deeper and more fundamental ones. The creation of such conditions ensures student's participation in educational process and preservation of his activity at all stages of learning.

Formation of positive motivation for self-reliant learning activities turns a student into an active subject of learning, promotes development of his learning interests.

Learning interests affect all psychological processes and functions: attention, perception, will, memory, thinking [7]. The key to successful development of students' learning interests is their diligent creative learning activity. Diligence is an essential prerequisite for self-reliance.

The study of the process of forming positive motivation for the formation of self-reliant learning activity skills of foreign students at preparatory departments of higher technical education institutions, suggests that this process is affected by:

• student's identity, determined by acquired experience of various activities, communication, family circumstances, mass media;

• level of development of value concepts, volitional sphere, self-reliance and responsibility;

• development of professional interests of the future specialist, professional identity.

The analysis of psychological and educational literature allows us to determine means of creating pedagogical conditions that form positive motivation of foreign students for acquiring self-reliant learning activity skills:

• creating a favorable psychological atmosphere, increasing interest in learning by developing tasks that include elements of contradiction, innovation and have individual nature;

• setting a close operational objective, so that achieving it and receiving the expected outcome will determine students' awareness of their own capabilities;

• selecting necessary, interesting and useful educational material, and its clear explanation by the teacher;

• considering individual levels and specifics of foreign students' training.

In today's conditions higher education institutions seek to maximize the potential of each student, their development; formation of a person into a subject of social life, preparation for continuous improvement, self-development, self-actualization. According to these requirements such an organization of self-reliant learning activity is needed that educational material is the object of cognitive and practical activities of the subject of learning process. In this regard, it is necessary to adapt the educational content to the interests and needs of students' personalities, taking into account individual characteristics, motives and value orientation of each of them [8, p.33]. Thus, a pedagogical condition of formation of self-reliant learning activity skills is implementation of foreign students' pedagogical support technology.

The term "pedagogical support" was used in education science for the first time not too long ago by O. Gazman. By this term he meant a process that allows the teacher to focus on positive performance of a student in order to reinforce their self-esteem. According to O. Gazman "pedagogical support is a process of jointwith a child determination of their interests, objectives, capabilities and ways to overcome obstacles (problems) that prevent them from preserving their dignity and self-reliantly achieving the desired results in education, self-education, communication, way of life "[1]. In the technology of psychological and pedagogical support of students in educational process O. Gazman distinguishes care-support, maintenance-support and pedagogical support per se.

Pedagogical support is a joint determination of a student's interests, objectives, capabilities and ways to overcome obstacles (problems) that prevent them from achieving positive results in education, communication, certain lifestyle.

Pedagogical support technology is aimed at solving the student's problems. Factors of successful self-reliant learning activity in accordance with pedagogical support technology include:

• student's acceptance of teacher's help and support;
• reliance on existing potential capabilities and positive personality features of the student;
• belief in the student's abilities;
• focus on the student's ability to self-reliantly overcome obstacles;
• solidarity, collaboration, assistance, cooperation;
• amicability and no judgement;
• reflective and analytical approach to the process and outcome;
• support of the aspiration for self-reliance, self-improvement, self-development.

Thus, pedagogical support is a system of means to ensure assistance to students in self-reliant individual choice - moral, social, professional, existential self-definition, as well as help in overcoming obstacles to self-actualization in educational, communicative, creative and professional activities.

Educational support is given through the creation of such conditions at the department during training, that help students identify their problems and give them (through interaction with the teacher) developmental nature by converting them into a task of an activity.

The basis of pedagogical support technology becomes personality oriented approach, which by definition of V. Lozova is based on the natural process of capabilities development, self-determination, self-actualization, self-affirmation, creation of appropriate conditions for it[6, p.11]. Forming students' self-reliant learning activity skills, teacher develops their positive motivation, intellectual ability, lays the foundation for self-education, self-improvement, self-development.

Effective implementation of this condition depends on the compliance of such approaches to self-reliant learning activity of foreign students, including:

• dialogue interaction in the "teacher - student" system in the process of self-reliant learning activity of foreign students at preparatory departments;

• ensure individual pace and style of self-reliant learning activity of a foreign student;

• introduction of reflective analytical approach to the evaluation of learning activity results for foreign students.

Pedagogical conditions that ensure the effectiveness of the process of forming self-reliant learning activity skills of foreign students at preparatory departments of higher technical education institutions are as follows: introduction of communication oriented learning based on communicative needs of foreign students for learning at higher technical education institutions; development of motivational incentives as for self-reliant learning activity of foreign students; implementation of pedagogical support technology in teaching foreign students at preparatory departments of national higher education institutions.

Prospects for further development is seen in the creation of technology of forming self-reliant learning activity skills of foreign students, improving the forms and methods of organizing self-reliant activity, the introduction of personality-oriented education technologies in the practice of preparatory departments of higher education institutions.

Literature:

1. Газман О. С. Неклассическое воспитание: от авторитарной педагогики к педагогики свободы / О. С. Газман. – М.: Мирос, 2002. – 296 с.

2. Гуревич Р.С. Про підвищення ефективності організації самостійної навчальної діяльності студентів / Р. С. Гуревич, В. В. Атаманюк // Наукові записки Тернопільського державного педагогічного університету. Серія: Педагогіка. – 2002. - № 7. – С.37-41.

3. Загальноєвропейські Рекомендації з мовної освіти: вивчення, викладання, оцінювання / науковий редактор українського видання доктор пед. наук, проф. С.Ю. Ніколаєва. – К.: Ленвіт, 2003. – 237 с.

4. Манжелий Н. Педагогічні умови функціонування сільських навчально-виховних комплексів «Школа-дитячий садок»: автореф. дис. на здобуття наук. ступеня канд. пед. наук: спец. 13.00.01. «загальна педагогіка. Історія педагогіки» / Н. Манжелий. – Х., 1995. – 23 с.

5. Леонтьев А.Н. Деятельность. Сознание. Личность / А. Н. Леонтьев – 2-е изд. – М.: Политиздат, 1975. – 304с.

6. Лозова В.І. Стратегічні питання сучасної дидактики / В. І. Лозова // Шлях освіти, 2005. – С.11-16.

7. Солдатенков М. М. Теоретико-методологічні основи розвитку самостійної пізнавальної діяльності майбутнього вчителя: автореф. дис.... докт. пед. наук: 13.00.04 / М. М. Солдатенков. – К., 2007. – 40с.

8. Чернилевский Д.В. Дидактические технологии в высшей школе: Учебн. пособие для вузов / Д. В. Чернилевский. – М.: ЮНИТО – ДАНА, 2002. – 437с.

Токунова Н.В.

ст. преподаватель кафедры математики и МОМ ПИ ИГУ, г.Иркутск

ВИДЫ ЗАДАНИЙ НА ПОСЛЕДОВАТЕЛЬНОСТИ В КУРСЕ ЭЛЕМЕНТАРНОЙ МАТЕМАТИКИ

Один из курсов, который я веду в вузе – это курс «Элементарная математика». Цели и задачи, которые преследует этот курс, это повторение, обобщение, систематизация и углубление знаний и умений по основным разделам школьного курса математики. Раздел, который мы рассматриваем на 3-ем курсе, называется: «Последовательности. Арифметическая и геометрическая прогрессии.». Вместе со студентами мы классифицируем задания по теме из школьных учебников, задания итоговой аттестации, задания из дополнительной литературы. Попытки выделения видов заданий ОГЭ и ЕГЭ (по разным основаниям) представлены ниже.

ОГЭ, 9 класс, *задание 6 (модуль «Алгебра», 1 часть)*

- **Найти n-ый член последовательности (по требованию задачи)**

А) Рекуррентная формула

1. Арифметическая прогрессия (c_n) задана условиями: $c_1 = 4$, $c_{n+1} = c_n + 2$. Найдите c_{12}.

2. Последовательность задана условиями $b_1 = -6$, $b_{n+1} = -2\dfrac{1}{b_n}$. Найдите b_1.

3. Геометрическая прогрессия задана условиями $b_1 = -4$, $b_{n+1} = 6b_n$. Найдите b_4.

Б) Формула n-ого члена

1. Арифметическая прогрессия задана условием $a_n = 3{,}8 - 5{,}7n$. Найдите a_6.

2. Геометрическая прогрессия задана условием $b_n = 64{,}5 \cdot (-2)^n$. Найдите b_6.

В) Последовательность задана перечислением элементов (членов)

1. Дана арифметическая прогрессия 8, 11, 14, …. Какое число стоит в этой последовательности на 101-м месте?

2. Дана геометрическая прогрессия 17, 68, 272, ... Какое число стоит в этой последовательности на 4-м месте?

3. Выписано несколько последовательных членов арифметической прогрессии: …; 1; x; -5; -8; … . Найдите член прогрессии, обозначенный буквой x.

4. Выписано несколько последовательных членов геометрической прогрессии: …; -1; x; -49; -343; … . Найдите член прогрессии, обозначенный буквой x.

Г) Прогрессия задана первым членом и разностью (знаменателем)

1. Дана арифметическая прогрессия (a_n), разность которой равна –8,5, $a_1 = -6{,}8$. Найдите a_{11}.

2. Дана геометрическая прогрессия (b_n), знаменатель которой равен 2, $b_1 = 16$. Найдите b_4.

- **Найти член последовательности, больший (меньший…) числа (по требованию задачи)**

1. Дана арифметическая прогрессия: 28; 20; 12; … . Найдите первый отрицательный член этой прогрессии.

2. Последовательность задана формулой $a_n = \dfrac{40}{n+1}$. Сколько членов этой последовательности больше 2?

- **Найти разность (знаменатель) прогрессии (по требованию задачи)**

1. В арифметической прогрессии (a_n): $a_1 = -7{,}8, a_{19} = -10{,}4$. Найдите разность прогрессии.

2. В геометрической прогрессии (b_n): $b_3 = -\dfrac{6}{7}, b_4 = 6$. Найдите знаменатель прогрессии.

- **Найти сумму нескольких членов последовательности (по требованию задачи)**

А) Геометрическая прогрессия

1. (b_n)— геометрическая прогрессия, знаменатель прогрессии равен 7, $b_1 = \dfrac{4}{7}$. Найдите сумму первых 5 её членов.

2. Выписаны первые несколько членов геометрической прогрессии: -0,4; 2; -10; … . Найдите сумму первых 5 её членов.

3. Геометрическая прогрессия задана условиями $b_1 = -6, b_{n+1} = -2b_n$. Найдите сумму первых 5 её членов.

Б) Арифметическая прогрессия

4. Арифметическая прогрессия задана условиями $a_1 = 48$, $a_{n+1} = a_n - 17$. Найдите сумму первых 17 её членов.

5. Арифметическая прогрессия задана условием $a_n = 3{,}6 - 1{,}6n$. Найдите сумму первых 11 её членов.

6. Выписаны первые несколько членов арифметической прогрессии: 6; 3; 0; … . Найдите сумму первых 15 её членов.

7. Дана арифметическая прогрессия (a_n), разность которой равна −8,4, $a_1 = -4,7$. Найдите сумму первых её 12 членов.

- **Сюжетные задачи на нахождение n-ого члена (по требованию задачи)**

1. В первом ряду кинозала 50 мест, а в каждом следующем на 1 больше, чем в предыдущем. Сколько мест в тринадцатом ряду?

- **Комбинированные задачи (по требованию задачи)**

1. В геометрической прогрессии сумма первого и второго членов равна 75, а сумма второго и третьего членов равна 150. Найдите первые три члена этой прогрессии.

ЕГЭ, 11 класс, профильный уровень, *задание 13, 2-ая часть*

А) Задачи на геометрическую прогрессию (на проценты)

1. Клиент А. сделал вклад в банке в размере 3800 рублей. Проценты по вкладу начисляются раз в год и прибавляются к текущей сумме вклада. Ровно через год на тех же условиях такой же вклад в том же банке сделал клиент Б. Ещё ровно через год клиенты А. и Б. закрыли вклады и забрали все накопившиеся деньги. При этом клиент А. получил на 418 рублей больше клиента Б. Какой процент годовых начислял банк по этим вкладам?

2. Компания "Альфа" начала инвестировать средства в перспективную отрасль в 2001 году, имея капитал в размере 4000 долларов. Каждый год, начиная с 2002 года, она получала прибыль, которая составляла 100% от капитала предыдущего года. А компания "Бета" начала инвестировать средства в другую отрасль в 2004 году, имея капитал в размере 4500 долларов, и, начиная с 2005 года, ежегодно получала прибыль, составляющую 200% от капитала предыдущего года. На сколько долларов капитал одной из компаний был больше капитала другой к концу 2007 года, если прибыль из оборота не изымалась?

Б) Задачи на арифметическую прогрессию

1. Насте надо подписать 799 открыток. Ежедневно она подписывает на одно и то же количество открыток больше по сравнению с предыдущим днем. Известно, что за первый день Настя подписала 15 открыток. Определите, сколько открыток было подписано за шестой день, если вся работа была выполнена за 17 дней.

2. Улитка ползет от одного дерева до другого. Каждый день она проползает на одно и то же расстояние больше, чем в предыдущий день. Известно, что за первый и последний дни улитка проползла в общей сложности 7 метров. Определите, сколько дней улитка потратила на весь путь, если расстояние между деревьями равно 14 метрам.

Задание 19, 2-ая часть

1. При рытье колодца глубиной свыше 10м за первый метр заплатили 1000руб., а за каждый следующий на 500 руб. больше, чем за предыдущий.

Сверх того за весь колодец дополнительно было уплачено 10000 руб. Средняя стоимость 1 м оказалась равной 6250 руб. Определите глубину колодца. [3, трен. вар.102]

2.   В Доме правительства 18 этажей. На каждом этаже, кроме первого, находится министерство. Однажды утром все 17 министров зашли в лифт, который может сделать только один рейс, а дальше каждый министр должен идти до своего этажа пешком по лестнице. Известно, что каждый министр с неудовольствием опускается на один этаж вниз по лестнице и с двойным неудовольствием поднимается на один этаж вверх по лестнице. На каком этаже им следует остановить лифт, чтобы сумма всех неудовольствий была наименьшей? [3, трен. вар.103]

3.   1 января 2014 года Иван Иванович взял в банке некоторую сумму рублей в кредит под некоторый процент годовых. Схема выплаты кредита такова: 1-го января каждого следующего года банк начисляет $x\%$ на оставшуюся сумму долга (то есть увеличивает долг на x процентов), затем Иван Иванович переводит в банк очередной ежегодный платёж. Если он будет платить каждый год по 732050 рублей, то выплатит долг за четыре года. Если же он будет платить каждый год по 1337050 рублей, то выплатит долг за два года. Под какой процент годовых Иван Иванович взял деньги в банке?

В результате анализа заданий итоговой аттестации, мы пришли к выводу, что нет заданий на графический способ задания, нет заданий на основное свойство прогрессий и т.д. Естественно, в курсе «Элементарная математика» необходимо показывать разнообразные задания как по основным содержательным линиям курса математики и теоретическому материалу, лежащему в решении заданий, так и по применению последовательности в других разделах математики и других предметах.

Элементарная математика, 3 курс

А) Старинные задачи на прогрессии (этап мотивации)

Богач-миллионер возвратился из отлучки необычайно радостный: у него была по дороге счастливая встреча, сулившая большие выгоды. Рассказывает он домашним: «Вот и на мою деньгу денежка бежит. Повстречался мне в пути незнакомец, из себя не видный. Предложил выгодное дельце, что у меня дух захватывает».

«Сделаем,- говорит,- такой уговор. Я буду целый месяц приносить тебе ежедневно по сотне тысяч рублей. Недаром, разумеется, но плата пустяшная. В первый день я должен по уговору заплатить – смешно вымолвить – всего одну копейку. А за вторую сотню тысяч - 2 копейки. И так целый месяц, каждый день вдвое больше предыдущего». Находим выгодность сделки. Ответ: богач

Б) Решение уравнений

Решить уравнение $x^{-1} + x + x^2 + \cdots + x^n + \cdots = 3.5$, где $|x| < 1$.

В) Задание на нахождение суммы бесконечного числа слагаемых

Найти сумму $\frac{\sqrt{2}+1}{\sqrt{2}-1} - \frac{1}{2-\sqrt{2}} + \frac{1}{2} - \cdots$

Г) Задания на доказательство

1. Доказать формулу сложных процентов $a_n = a(1+\frac{p}{100})^n$, где а рублей – первоначальный вклад в банк, a_n рублей – величина вклада в конце n-го периода, p% - число банковских процентов за один период, n – количество периодов.

2. Доказать тождество $1 - x^2 + x^4 - x^6 = \frac{1-x^8}{x^2+1}$

3. Доказать, что формула $y_n = 4n - 3$ задает n-ый член арифметической прогрессии: а) с помощью формулы n-го члена, б) с помощью основного свойства этой прогрессии.

Д) Геометрические задачи

Длины сторон прямоугольного треугольника образуют арифметическую прогрессию. Найти величину углов треугольника.

Е) Перевод дроби из десятичной в обыкновенную

Перевести в обыкновенную дробь 0,28(31)

Ж) Различные комбинированные задания

1. В возрастающей арифм.прогрессии сумма первого и пятого членов равна 14, а произведение второго и четвертого равно 45. Найти шестой член прогрессии.   13

2. Разность второго и третьего членов геом.прогрессии равна 18, а их сумма равна 54. Найти первый член прогрессии и знаменатель.

3. Первоначальный вклад в банк составил 10000руб. Его повышают ежегодно на 10%. Каков будет доход через 5 лет, если повышение происходило: а) от предыдущего вклада, б) от первоначального вклада.

4. Сумма трех членов конечной арифметической прогрессии равна 24. Если второе число увеличить на 1, а последнее на 14, то получится конечная геометрическая прогрессия. Найти эти числа.

5. На доске написано число 7. Раз в минуту Вася дописывает на доску одно число: либо вдвое большее какого-то из чисел на доске, либо равное сумме каких-то двух чисел, написанных на доске (таким образом, через одну минуту на доске появится второе число, через две — третье и т.д.).

А) Может ли в какой-то момент на доске оказаться число 2012?

Б) Может ли в какой-то момент сумма всех чисел на доске равняться 63?

В) Через какое наименьшее время на доске может появиться число 784? и др.

Источники:

1. *http://mathege.ru/*
2. *http://mathgia.ru/*
3. *http://alexlarin.net/*
4. *http://fipi.ru/*

Игнатьева А.В.

доцент, кандидат педагогических наук, кафедра декоративного искусства и дизайна ГБОУ ВПО «Московский городской педагогический университет»

Ганова Т.В.

доцент, кандидат педагогических наук, кафедра декоративного искусства и дизайна ГБОУ ВПО «Московский городской педагогический университет»

ХУДОЖЕСТВЕННАЯ ОБРАБОТКА КОЖИ В ПОДГОТОВКЕ ХУДОЖНИКА ДЕКОРАТИВНОГО ИСКУССТВА

Современные возможности различных художественных материалов, приемы и способы их обработки позволяют сформировать такие подходы к профессиональной подготовке студентов, которые формируют не только ремесленные знания умения и навыки (в определенном материале: керамика, стекло, войлок, текстиль, кожа и т.д.), но и дают целостные представления о художнике – профессионале как творческой личности, формируют общекультурные, профессиональные и специальные компетенции.

Обучение студентов должно быть одновременно целостным и детальным. Поэтому предполагается максимально использовать разнообразие способов, методов и приемов обучения студентов для развития их как в культурном, эстетическом и художественном плане, так и в контексте совершенствования профессионального мастерства.

Обобщение и конкретизация в художественном творчестве, при этом конкретизация по своему содержанию, в первую очередь, должна быть направлена на более глубокое раскрытие специфики любого направления в декоративном искусстве. В этой связи, в профессиональной подготовке художников декоративного искусства, а также художников – педагогов большое внимание уделяется освоению различных видов художественной обработки материалов, в том числе и коже.

Искусство, к которому принадлежит художественная обработка кожи, - одно из самых древних. Искусство изготовления изделий из кожи - это яркое проявление массовой культуры, составная часть материального мира каждого общества, духовная ценностью каждого народа, оказывающая влияние на развитие и воспитание человека. В нем воплощается отношение поколений и отражается образ жизни общества, уровень его цивилизованности и чувство красоты.

Исторический опыт древнейших цивилизаций, культура предшественников, накопленный собственный личный художественный и педагогический опыт позволяют разрабатывать и эмпирическим путем подтверждать правильность выбранных методов и приемов обучения художественной обработке кожи. Творческий опыт создания изделий из кожи, поиск приемов художественной выразительности этого искусства заставляют каждый раз смотреть на данную проблему по - новому. Именно поэтому, регулярно происходит переосмысление, корректировка учебно-методических материалов, определение новых подходов к профессиональной подготовке студентов в таком сложном направлении как художественная обработка кожи.

Обучающиеся не всегда имеют полное представление о том, как поведет себя тот или иной материал (например, разная по толщине и качеству дубления кожа), в связи с чем рискуют встретиться с неожиданностями в процессе создания художественного изделия. Способность предвидеть специальные художественные эффекты, получаемые на всем протяжении изготовления изделия из кожи, умения их грамотно применять - вот основная черта специалиста в данной области. Эту профессиональную черту невозможно реализовать без огромного комплекса знаний в области свойств материалов, технических и технологических способов его обработки. Совокупность знаний о различных способах дубления кож, химико-физических свойств материалов, приемов их обработки, тепловых режимов, покраски, печатей, гравировки, тиснения и многое другое, составляют богатейшую палитру профессионала, художника по коже. Теоретическая подготовка студента – это лишь часть общепрофессиональной подготовки специалиста в области декоративного искусства. Необходимо твердое закрепление полученных знаний на практике. Знания ничего не значат, если они не превращаются в профессиональные умения. В связи с этим возникает необходимость разработки целого комплекса упражнений, системы заданий, которые закрепляются в дальнейшей практике.

Художественная обработка кожи является одним из основных разделов в профессиональной подготовке студентов в области декоративно – прикладного искусства, а также архитектурно – пространственного и предметного дизайна. Разнообразие исходных материалов, (их цвет, фактура и текстура), выбор технических приемов их художественной обработки дают студентам широкий спектр возможностей для наиболее полной реализации творческого потенциала.

Особенность изобразительного языка декоративной композиции в художественных изделий из кожи, предполагает использование стилизации для создания изображения и орнаментальных мотивов. Пройдя путь от изучения и трансформации реального пространственного объекта до окончательного создания декоративно-художественной формы в материале, обучающийся приобретает бесценный творческий опыт, позволяющий развить свои профессиональные качества художника.

Многообразие различных способов и приемов обработки, таких как тиснение, перфорация, плетение, гофрировка, пирография, гравировка, аппликация, интарсия и роспись [1], позволяют современным художникам по - новому взглянуть на материал и бесконечно импровизировать, творить каждый раз создавая все новые и новые объекты и изделия из кожи.

Изучение каждого из множества выразительных приемов и способов художественной обработки кожи, позволяет последовательно освоить весь арсенал средств художественной выразительности данного вида декоративного искусства.

Таким образом, введение в процесс профессиональной подготовки художников декоративного искусства и педагогов изучение художественной обработки кожи позволяет решать следующие задачи:

• прививать интерес и формировать потребность заниматься декоративно – прикладным искусством и предметным дизайном;

• ориентировать студента на анализ своих возможностей, умение находить нестандартные решения типовых задач;

• формировать художественно – образное, объемно – пространственное и конструктивное мышление;

• осваивать теоретические и практические знания, умения и навыки художественной обработки кожи;

• развивать навыки воплощения творческого замысла, в процессе совершенствования форм и конструкций изделий из кожи, используя текстурные и фактурные свойства материала;

• подготавливать студентов к профессиональной творческой и педагогической деятельности [2].

Чем шире арсенал средств решения задач профессиональной подготовки художника декоративного искусства, тем разнообразнее пути профессиональной самореализации будущего специалиста, а значит его конкурентоспособность.

Литература:

1. Андрианова Т.Н. Художественная обработка кожи/ Т.Н. Андрианова. – СПб: Питер, 2004.- 80с.: ил.
2. Игнатьева А.В. Художественная обработка кожи / А.В. Игнатьева // Мастерские дизайна и народных промыслов. – МОСУ, 2004. С. 23–26.

Никишин А.С.
аспирант ГБОУ ВО МГПУ
Alexandr53609@rambler.ru

ХУДОЖЕСТВЕННАЯ КЕРАМИКА - КАК ИНСТРУМЕНТ АДАПТАЦИИ СТУДЕНТОВ К ЖИЗНИ

Одним из древнейших направлений в искусстве является художественная керамика. В Китае производили керамические изделия еще в эпоху неолита, уже в то время начали применять гончарный круг; глазурь первыми стали использовать египтяне. Позже в Риме появилось декорирование изделий с помощью чеканки и штампованных орнаментов. Художественная керамика в любом ее виде обладает высокой силой выражения, что ставит данный вид художественной деятельности в отдельный ряд по отношению к другим формам произведений искусств.

Во все времена особое место в культуре, в развитии общества занимало художественное образование, которое, как известно, влияет не только на интеллектуальное, но и на духовное развитие человека. В современных условиях развития страны, науки, общества происходит поиск новых систем, методов обучения, которые помимо всего будут способствовать воспитанию у людей умения понимать, ценить произведения искусства, памятники истории.

Как часть художественного образования, данная дисциплина играет особую роль в формировании, столь необходимых в социуме, творческих способностей во всех сферах человеческой деятельности. В процессе занятия художественной керамикой, студенты становятся исследователями, учеными, творцами, которые эффективно, творчески взаимодействуют с окружающей средой. В ходе обучения происходит процесс трансформации полученной информации для достижения самых разнообразных учебных задач, от изготовления изразцов, до разработки и выполнения в материале сложных пластических форм. Что немаловажно в нынешнее время, у молодого поколения происходит развитие, пробуждение патриотизма, чувства гордости за свою Родину. У обучаемых во время проведения занятий появляется возможность узнать историю своего города, родного края, познакомиться с сложившимися многолетними, а порой и многовековыми традициями, ведь художественная керамика тесно связана с такими дисциплинами как история искусств, история декоративно-прикладного искусства. Несомненно, что все это при правильном использовании преподавателем, разовьет желание у студентов гораздо глубже изучать не только перечисленные дисциплины, но и историю своего отечества, что крайне необходимо для развития полноценной личности.

Сама концепция «адаптации человека к жизни», под влиянием философии и педагогики прагматизма (инструментализма) начала широко применяться с 20-х г. в США и в ряде стран Западной Европы. Цели образования сводились к тому, чтобы выпускник был:

- гражданином с высокой планкой социальной ответственности;
- эффективным производителем в выбранной им сфере;
- разумным потребителем;
- хорошим семьянином.

Данные мысли оказали весомый вклад в развитие педагогической деятельности многих зарубежных стран. На идеях таких педагогов как Р. Финли, М. Уорнок и определилась основная цель воспитательного процесса: формирование самодостаточной личности.

Сегодня такая дисциплина как художественная керамика предполагает становление, развитие и восприятие многих граней личности. Происходит воспитание нравственного, интеллектуального сознания; воспитание духовности; воспитание культуры эстетических чувств; воспитание воли. Стоит отметить, что любой человек изначально обладает неким творческим потенциалом, с помощью чего у индивидуума появляется возможность управлять, планировать собственную жизнь. В этой связи задачей преподавателя по-прежнему остается помощь в раскрытии способностей студентов, развитии эмоционального интеллекта, позволяющего работать на совершенно ином, качественно более высоком уровне.

Такие способности, составляющие эмоциональный интеллект, как восприятие и выражение эмоций; увеличение продуктивности мышления с помощью эмоций; управление эмоциями позволяют учащимся раскрыть свой потенциал не только в изобразительной, прикладной деятельности, но и в повседневной жизни. Креативность в данном случае берет свое начало не от таких принципов как «для того чтобы» или «потому что», а «вопреки», что очень важно для становления творческой личности.

На начальном этапе обучения студенты сталкиваются с такой проблемой как отсутствие возможности для воплощения своих творческих замыслов в полном объеме, ведь некоторые учебные задания имеют свои четкие условия выполнения, что в свою очередь может сковывать креативный порыв. В данной ситуации педагог должен объяснить, что многие, в том числе и великие, произведения искусства создавались по заказу, с однозначным описанием того, что именно, а иногда и как именно должно быть сделано. В таких работах замысел художника лишь очеркивает зону поиска художественного решения. Необходимо чтобы обучаемые понимали, что без тех академических базовых навыков, которые вырабатываются ими в ходе выполнения учебных заданий, в будущем будет довольно проблематично полноценно вести свою творческую деятельность.

Представленная дисциплина, помимо задачи освоения азов выполнения изделий в материале, является в своем роде и арт-терапией. В современных условиях бытия, люди все чаще становятся подвержены стрессу, в некоторых случаях фрустрационным эмоциям, которые не всегда мобилизуют человека для достижения отдаленной по времени цели. Художественная керамика как арт терапия, позволяет справиться с такими проблемами как неврозы, чувством повышенной тревожности, трудностью взаимоотношений с окружающими, депрессией, различными стрессовыми ситуациями. Продолжительная работа с глиной позволяет студентам сконцентрироваться. Эффективно этот материал, в купе с цветными красками (глазури, ангобы и т.д.), работает с психосоматическими расстройствами, агрессивностью.

Существует довольно-таки много методов работы с глиной в арт-терапии, позволяющих научиться студентам взаимодействовать друг с другом в коллективе. Одна из основных задач - выполнение задания группой учащихся. Создание композиции на заданную тему дает возможность обучаемому полноценно почувствовать себя членом творческого коллектива, найти свою нишу в группе. Здесь появляется возможность у каждого человека проявить свои способности и создать прочные связи на уровне командной работы. Кроме того, возможность использовать невербальный язык выражения, какими являются создание пластических форм, анализ как цветовых, так и тоновых отношений, способствуют снятию барьеров привычного вербального общения между учащимися, если они возникают.

Таким образом, занятия художественной керамикой решают не только главные проблемы высшей школы, но и проблемы, возникшие в современном обществе - подготовка квалифицированных специалистов, устойчивых к стрессовым ситуациям, способных творчески находить решения к разной степени сложности поставленным задачам, подготовка патриотов своей родины; вместе с тем удовлетворяются потребности молодых людей в самоактуализации, в получении образования, духовном развитии.

Gromenko M.V.
Cand. Sc. (Philology), associate professor of Philology,
Southwest State University, Kursk, Russia

THE INVESTIGATION OF THE PROBLEM OF A COMMUNICATIVE TENDENCY IN PEDAGOGICAL SYSTEM OF K.D. USHINSKY

Ushinsky K.D. (1824-1871) is one the classics of Russian pedagogy and the founder of advanced pedagogical system. His pedagogical heritage is comprehensive, practical and has no spatiotemporal limitations in scientific researches.

When investigating the pedagogical system of K.D. Ushinsky, we did the analysis of various approaches and evaluations to his works which proved that the ideas of the great pedagogue remain widespread and encourage new scientific researches.

The target of the research is the examination of psycholinguistic aspects of communicative tendencies in teaching a native language.

In modern linguistic didactics communicative tendencies in teaching a native language are being studied. For the last 10 years the teaching practice in Russia shows that if teaching the language is based on teaching different sections of the language without paying attention to speech, motivation to learn the language decreases and the process of studying becomes boring and tedious for children.

Psycholinguists, philologists N.I. Zhinkin, R.K Bozhenkova, N.A. Bozhenkova, N.P. Shulgina believe that the collaboration of language and speech is dialectical and mutually supportive. A language defines speech as it considers communication condition. Speech defines a language as the reality and human need in communication change. A communicative tendency depends on personal vocabulary and specific pedagogical and methodological aspects of the teacher's work. We believe that this dialectical psycholinguistic component is the problem of codes where an image of the result of thinking is formed.

K.D.Ushinsky had a keen eye for this dialectical aspect. He wrote that just studying grammar does not develop the gift of words; the lack of grammar does not bring consciousness into the gift of the gab and it leaves a child in precarious position. "It is important to develop all child abilities as well as writing, develop, strengthen and give a useful skill, encourage self-assurance, and as if casually teach them reading and writing" [6,326].

According to N.I. Zhinkin, in this situation "thinking is realized not on one separate national language, but on the unique one, which every thinking person possesses" [1,57].

Developing this idea, K.D. Ushinsky came to the conclusion that grammar should stem from the investigation a language and its forms. Herewith the great pedagogue warns us about a vital didactical mistake: a teacher must know the intelligent level of the class and feel, when this or that grammar rule can be understood clearly by children without any learning.

Therefore, Ushinsky claims that it is difficult and even impossible to understand the rules of a language without a skill, in other words free usage of the forms in speech. He also believes that a language and literature teacher must always activate children's memory and make them use the words and forms of the native language. As a result, it will help children develop the sense of language norms like an ability to guess the correct form. As a matter of fact, the meaning of a word saves its sensitive roots in individual vocabulary.

At this point we agree with the conclusions of a pedagogue-investigator V.I. Petrukhin, who claims that "the knowledge to assimilate cannot be imparted as message or demonstration. It can be assimilated only as a result of students' concrete actions, or even the concrete system of actions" [3,154]. We find the focus on communicative activity to be an efficient part of this system.

A.A. Zalevskaya in her works notes that " the meaning of any words as a digit of idiomatic lexicon restricts to some initial image (visual, acoustic, motorial one and so on) which is actualized directly or indirectly through the mediation of verbal pass... The restriction of the word to the initial sensitive image can be direct or multilevel with the usage various "strategies" and "samples" and basis on different connections (sensitive and objective, verbal and logic, structural and linguistic, situational, etc.) [1,181].

We consider that one of the most important psycholinguistic component is usage of different "strategies" and connections of causal and dynamic analysis which is aimed at reveling the essence of psychological forms.

Causal and dynamic component, developed by V.S. Vygotsky, is realized by K.D. Ushinsky in his textbook "Native word" for the first three years of study. In the third volume an essential part of Russian grammar is presented. The presentation of learning materials is not lineal. Ushinsky unites different language levels for simultaneous work.

While analyzing the content of this textbook, we noted that Ushinsky has a meaning of words as a digest of speech thinking and creates his language world with two modes of existence. In the scientific studies of R.K. Bozhenkova and N.A. Bozhenkova these modes "represent objective aspect which includes spacious and temporal objects and intersubjective aspect which formalizes ideal objects. They can be presented as two kinds of deictic connection: extensional reference, based on the function of defining language expressions, and intentional reference, based on identified meaning of language expressions [5,8].

In the third volume of Native Word pupils learn phonetics, word building, morphology, syntax while analyzing the language of Pushkin's fairytale. Moreover, they understand the role of every part of the speech in the organization of the sentence and the text. A lot of tasks a based on this rule. For example, pupils must make a story out of different sentences about a wolf or take any article of the textbook, divide it into sentences and explain the connection between the sentences.

Most modern textbooks for secondary school (e.g. basic textbooks, textbooks of parallel complex) are usually aimed just to find the object of the study and explain it giving examples. We noticed it and according to the topic of our research we made a guide with a lesson plan to the textbook of the Russian language for the fifth grade edited by M.M. Razumovskaya and P.A. Lekant. This guide "pays special attention to communicative aspect in speech development of pupils; chosen texts for analysis in lesson plan have a message and develop an ability to express particular opinion in oral speech" [4,10].

To sum up, the pedagogical system of K.D. Ushinsky is a classic essential variant in the organization of training methodical work of a teacher. However, we came up with the conclusion that in modern pedagogical practice it is necessary to avoid pedagogical and methodological stereotypes. Only in this case the results of innovative approaches are possible, as their realization needs personal position of the teacher, pedagogical creativity and individual contribution into pedagogical practice.

References:

1. Залевская А.А. Слово в лексиконе человека. Психолингвистическое исследование. – Воронеж. Издательство воронежского университета, 1990. – 206 с.

2. Педагогическое наследие К.Д. Ушинского и современные проблемы модернизации российского образования: Матер. VII Всероссийской научно-практической конференции (17-19 февраля 2004 г.): В 2 ч./ Отв. ред. В.М. Меньшиков. – Курск: Изд-во Курск. гос. ун-та, 2004. – Ч. II. – 156 с.

3. Петрухин В.И. Личностно-ориентированный подход и его роль в формировании общекультурных и профессиональных компетенций студентов. Современные проблемы высшего профессионального образования [Текст]: материалы II Международной научно-методической конференции: в 2 ч. Ч.2 / редкол.: Е.А. Кудряшов (отв. ред.) [и др.]; Курск. гос. техн. Ун-т. Курск, 2010. 247 с.

4. Петрухина Е.П. Поурочные разработки по русскому языку: 5 класс: к учебнику М.М. Разумовской, С.И. Львовой, В.И. Капинос «Русский язык: 5 класс» / Е.П. Петрухина, М.В. Петрухина (Громенко) – М.: Издательство «Экзамен», 2008. – 334, [2] с. (Серия «Учебно-методический комплект»).

5. Текст как единица анализа и единица обучения: Сб. науч. статей. Выпуск 4. – Курск: МУ «Издательский центр «ЮМЭКС», 2006э – 104 с.

6. Ушинский К.Д. Родное Слово: Книга для детей и родителей / Сост., предисл., примеч., словарь, подгот. текста Н.Г. Ермолиной. – Новосибирск: Дет. лит., 1994. – 424 с.

Петрухин В.И.

канд. пед. наук, профессор, зав. кафедрой педагогики и психологии
профессионального обучения, Курская ГСХА

ЛИЧНОСТНО-ОРИЕНТИРОВАННЫЙ ПОДХОД
В ПРОФЕССИОНАЛЬНОМ САМООПРЕДЕЛЕНИИ МОЛОДЕЖИ

Анализ психолого-педагогической литературы и опыт нашей педагогической практики в образовательных учреждениях разных уровней показывает, что за последние десятилетия произошли принципиальные изменения (методологические и концептуальные) в организации профориентационной работы с молодежью.

Определенный интерес в научном исследовании вопросов профессиональной ориентации представляют работы П.А Атутова, А.Ф. Ахматова, А.Г. Здравомыслова, И.С. Кона, Н.Е. Тихонова, И.П. Смирнова, Н.Н. Чистякова, С.Н. Чистяковой, М.Г. Ярошевской и др.

Актуальным направлением социально-педагогических исследований сегодня является процесс профессионального самоопределения молодежи в условиях непрерывного образования на основе личностно-ориентированного подхода, что и является объектом нашего исследования. Некоторые аспекты данного направления отражены в научных публикациях М.В. Громенко, Ю.А. Захарова, Н.Э. Касаткиной, И.С. Якиманской и др.

Результаты исследований, проведенных нами в данном направлении, нашли отражение в научных публикациях автора данной статьи. По итогам проведенных исследований за период с 1980 по 1995 г.г. была защищена кандидатская диссертация.

Однако сегодня нельзя не учитывать тот факт, что в последние два десятилетия в российском обществе произошли значительные социально-экономические и духовно-нравственные изменения, что привело к смене жизненных ориентаций молодежи. А это значит, что современные молодые люди должны все чаще не только принимать самостоятельные решения, но и быть готовыми к принятию таких решений.

Юноша или девушка – как отдельно взятый человек, это личность, обладающая совокупностью устойчивых свойств, от которых может зависеть и профессиональное самоопределение.

В проводимых нами исследованиях, рассматривая профессиональное самоопределение молодежи, мы выбрали в качестве предмета исследования процесс личностно-ориентированного подхода в профессиональном самоопределении молодежи, как процесса объектно-субъектной или субъектно-субъектной деятельности.

Гипотетически мы считаем, что это будет самовыражением молодого человека в виде действий (выбора профессии), исходя не только из собственных чувств и убеждений, но с учетом социальных установок. Вместе с тем, личностно-ориентированное (индивидуальное, персонифицированное) может вызывать самодетерминацию «воздействие человека на самого себя... внутренний контроль собственного поведения со стороны человека, его действий...» [1,384] и с наших позиций уже с учетом определенных социальных норм или психолого-педагогического воздействия со стороны различных сфер, структур как объектов влияния.

Мы согласны с выводами ученого Ромашовой Л.О., которая отмечает, что в профессиональном самоопределении есть тенденции и противоречия в условиях рыночных преобразований. С научных позиций ученых Тамицкого А.М. и Орловой Н.О. в изучении профессионального самоопределения молодежи следует использовать междисциплинарный подход.

Однако наш подход, выбранный как предмет исследования, позволяет повысить эффективность педагогического сопровождения профессионального самоопределения молодежи и сделать сам процесс наиболее мотивированным.

Отсутствие социального опыта у молодых людей не позволяет им адекватно реагировать на специфические особенности сегодняшнего дня, и это побуждает их обращаться к психологической защите, которая иногда создает видимость реального благополучия. В этой ситуации педагогическое сопровождение процесса профессионального самоопределения имеет важное значение и, как мы считаем, должно учитывать следующие моменты:

– Сегодня снижается возраст самоопределения молодежи. Причиной этого является тот факт, что реализуемый в современных условиях принцип равных возможностей получить то или иное образование по собственному выбору одновременно предполагает и повышение требования к личности педагога разных уровней образовательных учреждений.

Личностно-ориентированный подход способствует общению, побуждающему молодежь на активное, осознанное духовно-нравственное самоизменение в соответствии с его жизненными планами (выбор направления образовательной программы, типа учебного заведения или сферы конкретной деятельности), так как формирование жизненных планов – характерная черта именно юношеского возраста.

– Личностно-ориентированный подход имеет большие возможности для решения задач профессионального самоопределения в реализации намерений, желаний, планов на будущее и соизмерение их с имеющимися возможностями, и в данной ситуации педагогическое сопровождение, как объективно-субъективный фактор в проведении профессиональной ориентации, должно быть направлено в большей степени на психологическую готовность к профессиональному самоопределению.

Психолого-педагогическая составляющая нашего исследования предполагает, что профессиональное самоопределение– это многомерный и многоступенчатый процесс, который можно рассматривать с учетом разных подходов. Прежде всего, это серия задач, которые общество ставит перед формирующейся личностью и которые эта личность должна последовательно разрешить в течение определенного периода времени.

Вместе с тем, процесс принятия решений, посредством которых индивид формирует и оптимизирует баланс своих предпочтений и склонностей, с одной стороны, и потребностей существующей системы общественного разделения труда – с другой. И не возможно не учитывать тот факт, что это процесс формирования индивидуального стиля жизни, частью которого является профессиональная деятельность. Эти три составляющих подчеркивают разные стороны дела (первый исходит из запросов общества, третий – из свойств личности, второй предлагает способы согласования того и другого), но они являются, вместе с тем, взаимодополнительными.

Получить не только хорошую, но и высокооплачиваемую профессию является стержнем целевых установок молодежи XXI века, поэтому и социальный статус молодёжи связан с экономическими ориентирами. При проведении социологических исследований мы установили, что 2/3 юношей и девушек хотели бы сегодня трудиться в частном бизнесе, иметь свой бизнес. Из них: малые предприятия (фермерские хозяйства) – 41,4%, индивидуальный бизнес – 23,6 %, семейный бизнес – 8,7% и др.

Среди профессий высшего сельскохозяйственного образования наибольшей популярностью пользуются специальности экономического направления. Заметно растет интерес к технологическим специальностям, которые связаны с переработкой и хранением продукции (в т.ч. сельскохозяйственной). Многие массовые профессии и роды занятий не являются престижными для молодых. Интересны в этом плане ответы на вопрос, с какой целью старшеклассники хотят достичь материального благополучия (выбор трех вариантов ответов из семи): 63 % собираются прожить жизнь в свое удовольствие или для своей семьи; 39 % - потратить «средства» на то, чтобы обеспечить родителей; 42, 4 % - развиваться культурно и 28,4 % – получать новые знания.

Полученные данные социально-педагогических исследований и анализ различных источников свидетельствуют о том, что одним из эффективных направлений, обеспечивающих педагогическое сопровождение профессионального самоопределения старшеклассников, является личностно-ориентированный подход – это позиция педагога, руководителя, ориентированная на эмпатию, интуицию, личностную идентичность.

Литература

1. Педагогика: Большая современная энциклопедия / Сост. Е.С. Рапацевич – Мн.: «Соврем. слово», 2005. – 720 с.

Иргашев X.
ассистент кафедры «Иностранные языки»
Абдурахманов Э.
студент 1 курса группы №449-14 - ЭТС
Джизакский Политехнический институт

РАЗВИТИЕ И ЦЕЛИ НАУКИ ПЕДАГОГИКИ

Каждая наука в одном и том же объекте изучения выделяет свой предмет исследования. Воспитание и образование подрастающего поколения, как сложное, объективно существующее явление рассматривается многими науками как частные моменты, влияющие на развитие их собственного предмета изучения.

Так педагогические воздействия на человека рассматриваются в истории в свете классовой политики, в психологии - с точки зрения становления личности. Самостоятельность любой науки определяется, прежде всего, наличием особого, собственного предмета исследования, наличием такого предмета, который специально не исследуется никакой другой научной дисциплиной.

В общей системе науки, педагогика выступает как единственная наука, имеющая своим предметом воспитание человека.

В самом деле, каждая наука имеет свою историю и достаточно определённый аспект природных или общественных явлений, изучением которых она занимается, и знание которых имеет большое значение для осмысления её теоретических основ.

Это знание относительно педагогики имеет огромное значение в современном мире, когда все более набирает темпы прогресс человеческого общества и степень образованности и воспитанности каждой личности напрямую влияет не только на ее личное благополучие, но и на здоровое и стабильное существование всего человеческого сообщества.

Самое краткое, общее и вместе с тем относительно точное определение современной педагогики – это наука о воспитании человека.

Т.об. педагогика исследует развитие человека и становление его как личности в течении всех возрастных периодов его жизни и « рассматривается как прикладная наука, направляющая свои усилия на оперативное решение возникающих в обществе проблем воспитания, образования, обучения». Ее следует четко отличать от воспитательного искусства, требующего от педагога овладения определенными навыками, теоретическими знаниями и личностными качествами, сущность процессов которого является предметом науки педагогики.

Дифференциация педагогической науки.

Педагогическая отрасль человеческих знаний не развивается отдельно от других наук о человеке. С момента ее выделения в самостоятельную науку начинается ее активное взаимодействие с другими науками, а также определение внутри самой педагогики важнейших направлений исследования.

Как и всякая наука, педагогика, развиваясь, обогащает свою теорию, наполняется новым содержанием и осуществляет внутри научную дифференциацию важнейших исследовательских направлений. Возникают новые отрасли теоретических и прикладных данных, фундаментальных представлений о закономерностях в новых областях педагогики, образования, воспитания, управления их структурами, что приводит к тому, что формируются и получают признание новые отрасли наук об образовании. Среди отраслей педагогики есть совсем «молодые». Ряд отраслей науки о воспитании имеют многовековую историческую давность. Такое развитие педагогики естественно привело к тому, что ее уже определяют как систему наук о воспитании и образовании детей и взрослых.

Сложились отрасли специальной педагогики: педагогика профессионального образования, военная педагогика, спортивная педагогика, педагогика перевоспитания правонарушителей.

Система педагогических наук.

В результате развития науки, техники и культуры происходят дифференциация знаний и специализация наук. В педагогической науке процесс специализации и дифференциации проявляется особенно заметно. Педагогика, зародившаяся в недрах философии как ее часть, имеет в настоящее время большое число ответвлений, которые развиваются как ее отрасли. Эти отрасли определяются особенностями объекта воспитания: возрастом, профессией, психофизиологическими данными и т.д.

Основные «ветви» древа педагогической науки следующие:

Общая педагогика — изучает и формирует принципы, формы и методы обучения и воспитания, являющиеся общими для всех возрастных групп и учебно-воспитательных учреждений. Эта отрасль педагогических знаний исследует фундаментальные законы обучения и воспитания. Составными частями общей педагогики являются: теория воспитания, теория обучения (дидактика) и теория организации и управления в системе образования.

Дошкольная педагогика — изучает закономерности воспитания детей дошкольного возраста.

Педагогика общеобразовательной школы — исследует содержание, формы и методы обучения и воспитания школьников.

Специальная педагогика (дефектология) — наука об особенностях развития и закономерностях обучения и воспитания аномальных детей, имеющих физические или психические недостатки.

В зависимости от вида дефектов выделяют такие ее направления:

сурдопедагогика — изучает закономерности обучения и воспитания глухих;

тифлопедагогика — слепых и слабовидящих детей:

олиго- и френопедагогика — умственно отсталых детей;

логопедагогика — разрабатывающая вопросы исправления речи детей и подростков.

Педагогика профессионально-технического и среднего специального образования - изучает и разрабатывает вопросы обучения и воспитания учащихся средних специальных учебных заведений.

Исправительно-трудовая педагогика занимается вопросами перевоспитания правонарушителей всех возрастов.

Военная педагогика изучает особенности воспитания воинов. Педагогика высшей школы разрабатывает вопросы обучения и воспитания студентов вузов.

Значительное место в системе педагогических знаний занимает история педагогики, раскрывающая историю развития теории и практики обучения и воспитания в разные исторические эпохи, разных стран и народов.

В педагогике как развивающейся науке содержатся гипотетические положения, требующие научного и практического подтверждения. В современных условиях педагогику рассматривают как науку и практику обучения и воспитания человека на всех возрастных этапах его личностного и профессионального развития, так как современная система образования и воспитания касается практически всех людей и педагогика включает в себя все звенья - от дошкольного учреждения до профессиональной подготовки и курсов повышения квалификации. Поскольку объектом обучения и воспитания является человек, постольку педагогика относится к наукам о человеке, она занимает главенствующее место в системах человекознания и гуманитарных наук.

Современная педагогическая система наука о воспитании

Как видно, в настоящее время понятием «педагогика» обозначается целая система педагогических наук, которые относятся к числу самостоятельных дисциплин, рассматривающих особенности развития человека в различных условиях и возрастных периодах, но которые тесно связаны и взаимодействуют между собой, используя общие закономерности воспитания, образования и обучения человека на протяжении всей его жизни.

Литература:
1. Харламов И.Ф. Педагогика / И.Ф. Харламов – М.: Гардарики.
2. Голованова Н.Ф. Общая педагогика. Учебное пособие для вузов.
3. Педагогика / Под ред. Ю.К. Бабанского.

Кононенко И.О., Полынцева Т.А.

Кононенко Ирина Олеговна – к.п.н., доцент кафедры педагогики КГПУ им.В.П.Астафьева

Полынцева Татьяна Анатольевна – магистрант 2 курса, факультета начальных классов, КГПУ им.В.п.Астафьева

МЕТАФОРИЧЕСКИЕ АССОЦИАТИВНЫЕ КАРТЫ В ДИАГНОСТИКЕ И КОРРЕКЦИИ САМООЦЕНКИ БУДУЩИХ БАКАЛАВРОВ ПЕДАГОГИЧЕСКОГО ОБРАЗОВАНИЯ

Внутренний мир личности издавна привлекает внимание многих ученых. Способность к самосознанию и самопознанию – исключительное достояние человека. Итоговым продуктом процесса самопознания является динамическая система представлений человека о самом себе сопряженная с их оценкой. Личность становится для себя тем, что она есть в себе через то, что она есть для других.

Наиболее эффективной в формировании самооценки является внеурочная деятельность. Важное место во внеурочной деятельности могут и должны занять игровые формы занятий, где используется диалог. Этот вид работы имеет большое воспитательное значение.

В опытно-экспериментальном исследовании участвовало 20 человек, 10 человек в контрольной группе и 10 человек в опытно-экспериментальной. Из них 10 студентов первого курса, 10 студентов второго курса отделения технологии КГПУ им.В.П. Астафьева.

Исследование проводилось по тестам: «Как у тебя с самооценкой? » (15 вопросов); М.Рокича «Ценностные ориентации».

Нужно было определить, какие студенты войдут в опытно-экспериментальную группу. После проведения первого занятия, на котором было проведено несколько упражнений на знакомство и проведен тест «Как у тебя с самооценкой?», были определены студенты, которые войдут в опытно-экспериментальную группу. В ней оказались студенты, которые добровольно желали посещать занятия, это является немаловажным фактором, т.к. принуждение посещения данных занятий может не только не дать положительных результатов, но и произвести обратный эффект.

Тест «Как у тебя с самооценкой?» позволил определить уровень самооценки студентов. После анализа результатов выяснилось, что 3 человека из опытно-экспериментальной группы имеют адекватную самооценку, 4 человека – среднюю самооценку и 3 человека – низкую самооценку. Таким образом, состав опытно-экспериментальной группы имеет разный уровень самооценки.

После этого результаты методики Рокича были проанализированы для контрольной и опытно-экспериментальной групп. В Контрольную группу вошли 10 студентов 2 курса. В опытно-экспериментальную группу вошло 10 студентов 1 курса.

После проведения входного, первоначального опроса в контрольной группе выделяется три терминальные ценности с рейтингом, опережающим остальные: здоровье, материально обеспечиная жизни и уверенность в себе.

В опытно-экспериментальной группе, которая представляла для нас больший интерес, чаще всего встречались пять терминальных ценностей: здоровье, любовь, уверенность в себе, счастливая семейная жизнь, свобода.

Из инструментальных ценностей в контрольной группе были выделены: жизнерадостность, воспитанность, честность, образованность, независимость.

Студенты из опытно-экспериментальной группы выделили: воспитанность, независимость, образованность, жизнерадостность, аккуратность.

Анализ полученных результатов показал, что большинство студентов жизнерадостны, имеют жизненные силы, считают, что жизнь имеет смысл, они дорожат своим достоинством. У студентов преобладают такие ценности, как любовь, здоровье, уверенность в себе, воспитанность и образованность. Данные результаты свидетельствует о психологической зрелости студентов. Но и среди студентов небольшое количество участников исследования имеют заниженную самооценку.

На основе полученных данных и их анализа были разработаны игровые интерактивные приемы с использованием метафорических ассоциативных карт для коррекции самооценки у будущих бакалавров педагогического образования.

После окончания проведения игры-диалога методика определения ценностных ориентаций Рокича была проведена повторно, аналогичным образом. Анализ показал, что заметных изменений в контрольной группе не произошло.

Различия в картине ценностей в контрольной группе по сравнению с начальным тестированием объясняются, во-первых, естественными изменениями в структуре личности с течением времени..

После исследования студентов среди терминальных ценностей выделили активную деятельную жизнь, счастье других. В системе инструментальных был отмечен выбор самоконтроля и широты взглядов.

Изначально предполагалась, что в результате опытно-экспериментальной работе у студентов сменится акцент в сторону таких ценностей, как: воспитанность, ответственность, терпимость. Однако необходимо отметить, что активная деятельная жизнь, выбранная как та ценность, которой студенты руководствуются в жизни на данный момент, является базой для реализации человеком других нравственных ценностей в своей жизни. А тот факт, что они выделили счастье других, позволяет утверждать, что были сформированы такие ценности, как доброжелательность, не причинение зла другим людям, справедливость.

Способом коррекции самооценки была избрана игра-диалог с использование ассоциативных метафорических карт.

Большинство причин происходящего с человеком кроется в бессознательной сфере, и распутать этот сложный клубок взаимоотношений с миром бывает трудно. Метафорические карты вызывают у каждого собственные ассоциации, позволяют получить доступ к бессознательному. Иллюстрированные метафоры описывает сам человек (при использовании метафорических карт), основываясь на своих личных убеждениях и ассоциациях. Работа с картами создает атмосферу безопасности и доверия, помогает отключить привычные стереотипы мышления и осознать причины страхов и комплексов. При этом происходит раскрытие и запуск внутренних ресурсов и процессов, которые поддерживают человека в поиске своего уникального пути выхода из кризисной ситуации, болезни или сложностей во взаимоотношениях.

Карты могут использоваться для:

1. создания безопасной обстановки, в которой может осуществляться коммуникация, обмен мнениями без оценочных суждений,

2. уменьшения страха критики или осуждения;

3. развития интереса к самоизучению и саморазвитию;

4. развития творческих способностей;

5. содействия личностному росту;

6. коррекции отношений, разрешения конфликтов и управления стрессом;

7. развития творческого потенциала и поиска ресурсного состояния;

8. анализа представлений студентов о будущей профессиональной деятельности;

В ходе игры-диалога, при интерпретации карт наиболее ценными являются ассоциации и чувства, исходящие от сердца, особенно, когда они относятся к настоящему. Существует пять пунктов, которые следует соблюдать, используя метафорически карты:

•   Работа в группе идет лучше, если игроки реагируют на выбранную карту спонтанно, используя больше свою фантазию, нежели логику. Следует избегать длительных монологов и философствований. Нужно предоставлять возможность всем участникам включиться в игру.

•   Играя, мы уважаем других участников и заботимся об их комфорте и безопасности. Игрок может отказаться от вытянутой карты, показав ее другим участникам или нет, а также выбрать другую карту без каких-либо объяснений.

•   При игре ценится чужой интеллект и воображение. Следует воздерживаться от интерпретации или реинтерпретации карт другого игрока. Нет «неправильных» ответов или историй. Не следует прерывать рассказ других участников, перебивать их.

•   Нужно уважать и ценить чужое мнение. Я не буду спорить о твоей интерпретации. Но я могу задать вопрос о ней, чтобы прояснить то, что мне не понятно. Так я смогу лучше понять тебя. И я поддержу тебя так, как смогу.

•   При игре мы ценим индивидуальность друг друга и наши различия. Играя в карты я допускаю, что вы видите и чувствуете не то, что вижу и чувствую я.

Используя метафорические ассоциативные карты, студенты отвечали себе на следующие вопросы: Кто я? Куда я иду? Что важно для меня? Что мне нужно для счастливой и радостной жизни? Как увидеть эти возможности? и т.д.

Применялись следующие формы работы с картами:

Дуэт

Каждый игрок получает или тянет 2 карты и держит их закрытыми. После того, как карты розданы, участники по очереди раскрывают две свои карты и описывают отношения между людьми, которые на них изображены.

Другой вариант: одна из карт это игрок, а вторая- это человек, с которым у него есть какие-то отношения. Опишите эти отношения от первого лица с точки зрения карты 1.

Пасьянс

Просмотрите колоду карт. Спонтанно, руководствуясь своими чувствами, выберите 5 карт с помощью которых вы можете представить себя ребенком, подростком, юношей (девушкой), взрослым, пожилым человеком. Организуйте их беседу друг с другом.

Вариант I: Выберите карты, чтобы представить людей, которые занимали важное место в вашей жизни. Например, это могут быть лица противоположного пола. Изображения в первую очередь должны соответствовать их внутренним качествам. Выберите одну карту представляющую вас. Что этим людям необходимо сказать Вам и друг другу, а что вы бы хотели сказать им?

Проблема-решение

Игроки получают или вытягивают по пять карт, смотрят на них, не показывая другим участникам. Первый игрок кладет карту лицом вверх на стол, описывая кратко проблему, отраженную на этой карточке. Любой другой игрок может предложить карту - объяснение того, как можно решить эту проблему, ее возможное решение. Эта карта кладется рядом с первой.

Следующий игрок объявляет новую проблему, кладя новую карту на стол, и кратко описывая ее. Решение находится, как и прежде другим игроком и с помощью другой карты. Игра продолжается до тех пор, пока все карты на руках не будут отыграны. Важно, чтобы все игроки смогли заявить проблему, и принять участие в решение.

Очевидно, что игра приведет к дискуссии, так как обычно единого мнения не бывает и вариантов решения может быть несколько. В конце дискуссии игроки могут спросить себя: «Чему я научился?», «Каким был мой вклад?».

Участники могут задавать вопросы, чтобы улучшить свое понимание сказанного. Вы также можете сообщить игроку, какие его реакции: движения, изменения мимики, позы, тона голоса и т.д, во время исследования обратили на себя ваше внимание.

Уделяйте внимание правилам: не интерпретируйте чужие карты, не вступайте в разговор во время «исследования». Даже если Вам хочется дополнить то, что не было сказано или было опущено во время рассказа- не делайте этого и не давайте какие-либо комментарии.

Для примера опишем игру «проблема-решение», проведенную на первом курсе отделения технологии в которой приняло участие десять человек из опытно-экспериментальной группы.

Марина Г. выкладывает на стол картинку-проблему и начинает описывать, что она в ней видит. «Я вижу проблему выбора, потому что есть люди, которые хотят успеть попробовать в этой жизни всё и этим самым теряются в потоке предложенных вещей. Хотят стать и научными деятелями и танцорами и певцами и т.д., но по сути они никто у них нет предназначения конкретно. Люди не могут определиться в жизни». После того, как Марина Г. всё проговорила остальные участники выкладывают на стол картинку-решение и предлагает пути решения этой проблемы. Алёна Р.: «Я думаю, нужно обрезать какие-то пути лишние, которые не очень-то и нужны». Владимир Б.: «Нужно как можно быстрее себя найти, чтобы не прогореть в этой жизни напрасно». Наталья Х.: «Разложить всё по полочкам и выбрать то, что тебе нужно». Далее следующий участник выкладывает новую картинку-проблему. Наталья Х.: «Проблема того, что для всех ты смелый, сильный, железный, а внутри маленький, хрупкий и беззащитный». Первой решение этой проблемы предложила Анастасия З.: «Я считаю, что рядом должны быть надежные люди, которые смогут тебя защитить и будут помогать тебе. Как на картинки ребенок, который внутри женщины, он защищен». Артем Н.: «Чтобы всегда был верный путь, чтобы ориентироваться на этом пути грамотно и не врать самому себе, раз внутри ты добрый и ранимый, а для всех маска железного человека». Следующая картинка-проблема, последовала от Ирины П.: «Проблема, которую я вижу в этой картинки является очень значимой для меня в последнее время. Это то, что все люди носят маски, как изображено на картинке это человек в виде животного, на котором маска человека. Как научится видеть таких людей? Как научится избегать их?». Марина Г.: «Я отвечу, как я считаю, я сама не люблю двуличных людей и поэтому нужно быть всегда честным, чтобы не выглядеть как виноград на картинке, то есть как все, а быть собой. Не нужно терять своего лица и быть тем, кто ты есть». Александр Б.: «Ты всё равно распознаешь людей, которые лицемеры и двуличные и ты можешь их держать всех вместе далеко от себя. Ты можешь общаться с ними как со всеми, но не нужно сразу открывать им своё сердце». Ульяна Т.: «Я не считаю, что это является решение проблемы, но как показано на картинке таких людей нужно как-то сразу в мусорное ведро сметать. Вот как-то хочется сказать, но не знаю как правильно, потому что ведро дырявое». Так игра продолжалась пока у всех участников не закончились карты.

По окончанию игры-диалога была, проведена рефлексия, и каждый участник ответил, на вопросы: «Чему я научился?», «Каким был мой вклад?». Приведем в пример ответ одного из участников. Марина Г.: «Во многих картинках, которые выкладывали другие игроки, я увидела, и свои проблемы и узнала, как можно их решить. Также я и сама предложила пути решения нескольких проблем и, надеюсь, что тем самым помогла человеку».

В ходе внедрения метафорических ассоциативных карт мы получили динамику в формировании позитивной Я-концепции. Студенты, играя, составляют образ «Я», тем самым повышая свою самооценку, так как у них происходило уменьшение страха критики или осуждения. У студентов появился интерес к самоизучению и саморазвитию. В данных играх студент формирует представление о том, каков он на самом деле (Реальное Я), а также о том, каким хотел бы стать (Идеальное Я) и как его воспринимают другие (Зеркальное Я). У студента улучшаются физические, социальные, эмоциональные и умственные аспекты. Игра-диалог помогла участникам произвести коррекцию отношений и разрешить конфликты в группе. Также внедрение метафорических ассоциативных карт помогает произвести анализ представлений студентов о будущей профессиональной деятельности.

По полученным данным был выявлен тот факт, что показателей с адекватной самооценкой стало больше и ценностные ориентации имеют небольшие изменения. Постепенно на первый план выступают теперь другие свойства "Я" - умственные способности, волевые и моральные качества, от которых зависит успешность деятельности и отношения с окружающими.

Самооценка является важнейшим показателем развития личности потому, что она позволяет делать правильный выбор в различных жизненных ситуациях, это фундамент, на котором должна строиться вся жизнь.

Анализ данных, полученных в ходе исследования, показал, что формирование адекватной самооценки должно быть начато в школьные годы для того, чтобы к старшим классам результаты тестирований были лучше, то есть у всех школьников была адекватная самооценка, сформированная с детства родителями и учителем. Формирование позитивной я концепции должно происходить так же в школьные годы, а в студенческие годы должна происходить её коррекция (при необходимости), чтобы к выпускному курсу все студенты имели адекватную самооценку и позитивную Я-концепцию. Наличие адекватной самооценки и позитивной Я-концепции выступает необходимым условием реализации учителем таких педагогических функций, как педагогическая поддержка, психолого-педагогическое сопровождение, педагогическое обеспечение личностного роста учащегося.

Литература:

1. Бернс Р. Что такое Я - концепция // Психология самосознания: Хрест. / Ред. Д.Я. Райгородский. - Самара: Бахрах-М, 2003. - С.333-393.

2. Дереклеева Н.И. Модульный курс учебной и коммуникативной мотивации учащихся, или Учимся жить в современном мире. — М.: ВАКО, 2006. — 128 с. — С. 99-100.

3. Рогов, Е.И. Настольная книга практического психолога в образовании[Текст] / Е.И.Рогов—М.:Педагогика, 1995.

4. Словарь практического психолога. — М.: АСТ, Харвест. С. Ю. Головин. 1998.

5. Тисленко О.С. Самооценка – URL: http://www.b17.ru/article/2151/ Дата обращения (05.05.2011).

6. Фадеев Е. Самооценка, и как её сформировать. – URL: http://belaya-yurta.com/index.php?option=com_content&view=article&id=567&catid=49&Itemid=485 Дата обращения (07.11.2011).

7. Феннел М. Как повысить самооценку. –М.:АСТ,2005.

Злотникова Е.А.

ГОУ ВПО «Красноярский государственный педагогический университет им. В.П.Астафьева», соискатель кафедры Психологии и педагогики начального образования

САМООБРАЗОВАТЕЛЬНАЯ КОМПЕТЕНЦИЯ КАК ЦЕННОСТЬ БУДУЩЕГО БАКАЛАВРА-ПЕДАГОГА И УСЛОВИЯ ЕЕ СТАНОВЛЕНИЯ

Требования ФГОС ВПО ставят перед высшей школой задачу подготовки выпускников, способных самостоятельно приобретать необходимые знания, применять их на практике для решения разнообразных профессиональных задач [2,4]. Решением данной задачи может служить становление у обучающихся самообразовательной компетенции как ценности. Особенно актуальным видится становление самообразовательной компетенции как ценности у будущих бакалавров-педагогов, призванных в дальнейшей профессионально-педагогической деятельности «учить учиться» подрастающее поколение.

Самообразовательную компетенцию как ценность будущего бакалавра-педагога мы определяем как интегративную характеристику его личности, включающую в себя знания, умения, навыки управления самообразовательной деятельностью, субъективный опыт, личностные качества, проявляющиеся в осознании значимости самообразовательной деятельности и ценностном к ней отношении для удовлетворения профессиональных и личностных потребностей, непрерывного совершенствования на протяжении всей жизни.

Под организационно-педагогическими условиями мы понимаем совокупность необходимых мер педагогического процесса, создающих благоприятную обстановку для эффективного становления у будущих бакалавров-педагогов самообразовательной компетенции как ценности.

Реализация названных организационно-педагогических условий призвана обеспечить становление самообразовательной компетенции как ценности в единстве и взаимосвязи ее компонентов: аксиологического, потребностного, когнитивного, волевого, деятельностного.

При разработке первого организационно-педагогического условия - активизация самообразовательной деятельности будущих бакалавров-педагогов в процессе организации позиционного взаимодействия, мы учитывали, что процесс самообразовательной деятельности призван сопровождаться различными видами коммуникаций, а потребность в самообразовательной деятельности, ее стратегия и результаты относятся к ценностному сознанию, критерии которого в большей степени определяются социальной общностью к которой принадлежит индивид.

Процесс позиционного взаимодействия будущих бакалавров-педагогов осуществлялся целенаправленно и был ориентирован на осознание собственной роли (позиции), усилий каждого его участника с целью изложения (демонстрации) и аргументирования обучающимися представленных результатов освоенных способов получения знаний.

Используемые нами различные формы позиционного взаимодействия на учебных занятиях создали пространство свободных партнерских отношений, творческой активности, активизировали самообразовательную деятельность обучающихся. Таким образом, происходила динамика позиций будущих бакалавров-педагогов с трансляционно-репродуктивной позиции на качественно новую – инициаторско-конструктивную.

Вторым организационно-педагогическим условием становления самообразовательной компетенции как ценности выступало формирование ценностного отношения будущих бакалавров-педагогов к самообразовательной деятельности посредством применения интерактивных методов обучения.

Интерактивные методы обучения предполагали такой способ организации учебного процесса, при котором будущие бакалавры-педагоги активно взаимодействовали между собой, обменивались информацией, ценностями, индивидуальным опытом в процессе освоения знаний, умений, навыков.

Применение методов интерактивного обучения базировалось на принципах аксиологической ориентации, научности, полилогической активности, творчества, которые реализовывались в единстве и взаимосвязи. Задачами каждого занятия с использованием интерактивных методов обучения выступали актуализация (пробуждение) у обучающихся интереса к освоению предметных знаний и самообразовательной деятельности; направленность на самостоятельный поиск будущими бакалаврами-педагогами вариантов решения поставленной учебной задачи; организация взаимодействия между обучающимися (обучение работе в команде, развитие толерантности к чужой точке зрения и др.). В качестве основных интерактивных методов обучения мы применяли: полилоговое взаимодействие, метод «модерации», метод взаимообучения. Данные методы обучения актуализировались в таких формах работы бакалавров-педагогов как групповая дискуссия, диалог, полилоговое размышление, «балинтовские» сессии, техники «Mind-mapping», «Clustem», «Попс-формула» и др. Рефлексивная и оценочная деятельность будущих бакалавров-педагогов в процессе применения интерактивных методов обучения осуществлялась в форме дебрифинга [3]. Данная разновидность осуществления обратной связи была призвана подвести итоги группового взаимодействия, оценить качество и эффективность самообразовательной деятельности будущими бакалаврами-педагогами.

Дебрифинг позволил обучающимся не только проанализировать собственные учебные действия, выявить причины их недостатков и успешности, оценить уровень сформированности индивидуальных умений, навыков самообразовательной деятельности, но и наметить план ее коррекции, исходя из обогащения индивидуального опыта в процессе интеракции.

Освоение навыков управления самообразовательной деятельностью явилось третьим организационно-педагогическим условием становления самообразовательной компетенции как ценности будущих бакалавров-педагогов, которое мы реализовали при изучении спецкурса «Управление самообразовательной деятельностью».

Использованные элементы воркшопов и мастер-классов позволили обогатить учебную и самообразовательную деятельность, выступив при этом их «катализатором»; формировали самостоятельность, готовность к сотрудничеству, профессиональному и личностному совершенствованию; настраивали обучающихся на самовыражение, на развитие их творческого потенциала, предоставляя «возможность открыть для себя, что знаешь и умеешь больше, чем думал до сих пор, и научиться чему–то от других, от которых этого не ожидал» [1; с.55-56].

Основными задачами воркшопов и мастер-классов явилось формирование у обучающихся следующих умений: формулировать, удерживать цели самообразовательной деятельности, прогнозировать, оценивать ее результаты; осуществлять критическую рефлексию, самоконтроль, самокоррекцию самообразовательной деятельности; овладеть различными приемами, стратегиями самообразовательной деятельности; презентации индивидуального опыта самообразовательной деятельности в виде интеллектуального продукта в процессе активного взаимодействия и решения учебных задач.

В целом реализация организационно-педагогических условий в образовательном процессе вуза позволила повысить результативность становления самообразовательной компетенции как ценности бакалавров-педагогов, что подтверждается наличием положительной динамики их сформированности по окончанию опытно-экспериментальной работы.

Список литературы:

1. Клаус Фопель. Эффективный воркшоп. Динамическое обучение, М., "Генезис", 2003 г. с. 12-13.
2. Панфилова А.П. Инновационные педагогические технологии М.: Издательский центр «Академия», 2009. - 192 с.
3. Федеральный государственный образовательный стандарт высшего профессионального образования по направлению 050100 «Педагогическое образование» *http://минобрнауки.рф*

[1] **Gryzunov V.V.,**
[2] **Grishina A.M.,**
[2] **Kozlov G.V.**

professor of the department of production safety, Dr. med. Sciences[1], graduate student of the department of production safety[2] National university of mineral resources «Mining»

THE HUMAN FACTOR AS AN INDUCER OF GENERATION OF INDUSTRIAL ACCIDENTS

Implementation of the integrated automated information-measuring systems in coal mines has reduced the risk of accidents. But despite all efforts to improve the security situation in the mining industry is far from perfect, and this determines the need for new paradigms of the theory of industrial safety. Because of coal mining, the number of accidents in the coal industry is 25-30 people per 1,000 employees, and out of every 10 thousand miners killed 4 workers [1, 9-11]. Preliminary calculations show that the production of 1 000 000 tons of coal mining industry pays a single human life.

For complex technical systems used in the mining industry, the probability of the combination of negative events [2, 119-125], and the causes of failures can be caused not only structural, technological, operational defects, but the human factor [3, 65-69]. Many experts believe that about 15 - 20% of healthy people are not able to master a range of different complexity professions due to the mismatch of psychophysiological parameters the level of complexity of tasks, the characteristics of the labor process. Excessive tension in the professional activity leads to increased anxiety, reduced self-control, irresponsible, aggressive, formation of non-adaptive forms of behavior with features of deviance, addiction and delinquency. Therefore, in recent years, the human factor is an important issue when analysing the causes of accidents, tragedies, disasters. This factor caused more than 40-70% of road accidents, 65-80% of injuries in coal mining in deep mines, 80-90% of disorders of the heating stations associated with it. Especially the importance of the human factor may acquire in the next decade, for about 83% of girls and 62% of boys senior classes suffer from borderline mental disorders [4, 27-39]. For the period of study in a secondary school the number of healthy children is reduced by 4-5 times, and many are diagnosed 2-3 chronic diseases. About 60% of preschool children have functional disorders, 21.4 percent lagging behind the biological age of 2 years, and 45% of children not ready to learn and understanding school program [5, 166-171]. And considering the current situation, it is impossible. However, the classical paradigm of industrial safety which focuses mainly on natural, technical and organizational factors that contribute to accidents, leaves without special attention to the human factor, which can induce the risk of industrial disasters and accidents. And since the middle of last century, the continuously growing interest of specialists to the problem of reliable functioning of the body in a constantly changing external environment. In the framework of the General theory of reliability are formed directions of the reliability of the system "man-machine-environment" and "human factor". And if for reliability evaluation of technical designs used by a variety of criteria, for living systems, this problem is not resolved. In recent years, in the framework of the theory of reliability of functioning of living systems special attention to some experts are giving to the problems of the victimization of technical safety. Consider the direction that synthesizes knowledge on the subject of his study - the victim, which is not linked with criminal Genesis. So today allocate victimology technical or industrial security, disasters, environmental disasters, violations of the rules of technical safety, etc. And now, many experts believe that one of the subjects of the study this research area is individual and group vulnerability of the human factor, which can find its implementation in terms of environment or remain in potency. Therefore, the victim may be considered in two aspects: individual and group. Today victimization analyze the position with the ability of the person generating the ability to perform a particular action, and personality traits under certain conditions can form the vulnerability behavioral pattern. Unfortunately, in both cases, ignored the environment, largely determining the choice of strategies of human behavior. Therefore, the victimization wise to consider with a complex hierarchical position of subordination psycho-physiological, social components under the action of external factors that influence the vulnerability and coping behavior in the resolution of problematic situations. The victimization process generates individual or group vulnerability, which reflects the concept of "victimization".

The process of victimization due to the fact that the people can to provoke the risk-induzirovannich situations, due to the reduced number of control and indicative of operations to evade compliance with the rules algorithm security threat to prefer the ways of action of several alternative; to be the direct cause of the accident, man-made disasters; to participate in the formation of fault conditions. In unfavourable scenarios of human behavior reveals a strong dependence on personal resources and roles and functions that initiates the process of formation of a conservative system with a limited number of coping strategies of behavior and sufficient range of mental protections for the implementation of the programme of action in extreme conditions. You can put that as the implementation of the programme of action information is lost about the initial repertoire of coping strategies that may initiate the search algorithm of the dominant forms of mental defenses. The situation is that the sharply limited range of coping strategies to resolve the problematic situation with a sufficient diversity of mental protections for the formation of the programme of action, which increases the uncertainty of the repertoire of coping strategies. The phenomenon of uncertainty may find embodiment in the process of individual and group victimization. The analysis of the current situation in the mining industry allows to suggest that the social portrait of the mining profession has acquired the features of the victimization in the form of a "miner's cross", which was largely due to professional ambivalence, in which alternating signs of heroism and sacrifice. And today in a devaluation of heroism profession, dominates the second component victimization [2, 119-125], which reflects the social component of the process of victimization. Occupational hazard, hazard acquired fatal traits that contributed to the sacralization of the profession of a miner. The building of churches and chapels in memory of those killed in accidents miners, is the official recognition of professional victimization, which, on the one hand, acts as a condition characterized by a feeling of tension, anxiety, fear, anxiety, apprehension, and as a property that implements genetically deterministic program vegetate, accompanied by painful feeling of sadness, panic, terror, helplessness. All this may cause the formation of a "negative risk-induced install" in a mining environment to the work environment and to serve the cause of growth in mining accidents. The social component of the victimization underlies the formation of the social phenomenon of "miner's cross". "Negative risk-induced install" can act as a causal factor of an individual or group behavioral vulnerability pattern, generating the accelerating voltage in humans.

The discrepancy psychophysiological capabilities of the employee with the requirements of the production environment initiates the growth of the state of stress from sthenic to asthenic negative emotions. And if sthenic reaction can be considered as biologically feasible, able to mobilize the resources of the body to achieve this goal, asthenic - act as protective embodying the rejection of the achievement of a goal that is accompanied by an inadequate assessment of the situation. Analysis of coping strategies in students with high levels of trait anxiety, but professionally oriented towards their future profession, showed that about 15-20% of subjects prefer a strategy of avoidance problems. Draw attention to studies that have shown that about 15 - 20% of young professionals after graduation quit in the first year with their first job and about 15-20% of employees perform their duties with a high level of emotional stress. There is no doubt that among the above facts there is a close and intimate relationship generated by the human factor. Therefore, we can speak about another psychophysiological phenomenon of "15-20", which is largely due to psycho-physiological characteristics of the individual, generating emotional stress. It should be borne in mind that the uncertainty of the situation, the level of emotional stress in conditions of lack of time resulted in a process of forming mental vulnerability of the individual. And therefore, in each conditional period of employment of the individual is marked fluctuation personality traits of professional ambivalence due to the complexity of tasks and human opportunities, initiating the process of victimization. Thus, the process of personal, role of victimization as a reflection of the vulnerability of the behavioral pattern of the individual, based on social, physiological and psychological components, in some cases, may trigger negative risk-induced setup", inducing the formation mechanisms of an emergency.

References

1. Sarkisov A.A. The phenomenon of the perception of public opinion risks associated with nuclear power // Scientific and technical sheets SPbGPU.- 2012. – Volume 2, Issue 3 (154). -S.9-21.
2. Reschikova I.P. Miner's territory as a regional brand // Vestnik of Kemerovo State University. - 2010. - №1. - S.119-125.
3. Gryzunov V.V., Gryzunova I.V. The vulnerability of individual behavior pattern in the implementation of coping strategies // High intellectual technologies and innovations in education and nauke. - SPb., 2014. - T.3.- S.65-69.
4. Weiner E.N. Reform school and student health problem // Valeology. - 2002.- №1.- S.27-39.
5.Kulganov V.A., Sorokina N.V. The health status of students in modern kindergartens, schools and high schools of St. Petersburg // Health - the basis of human development: problems and ways to solve them. - SPb., 2008. - S.166-171.

Белов П.С. - к.т.н. stankin-psb@yandex.ru, **Барыбин В.Ф.** ,
Драгина О.Г. - доцент, к.т.н. dragog@rambler.ru,
Егорьевский технологический институт (филиал)
ФГБОУ ВПО МГТУ «СТАНКИН»,
Россия, г. Егорьевск, Московская область;
Никифоров Д.Ю. - ОАО «Научный центр прикладной электродина-
мики», Россия, г. Егорьевск, Московская область.

ИССЛЕДОВАНИЕ МЕХАНИЧЕСКИХ СВОЙСТВ ИЗДЕЛИЙ, ПОЛУЧАЕМЫХ МЕТОДАМИ БЫСТРОГО ПРОТОТИПИРОВАНИЯ

Rapid Prototyping (RP) —технология, помощью которой дизайнер или инженер может быстро материализовать трехмерную компьютерную модель любой сложности без инструментального ее изготовления, путем преобразования данных, поступающих из CAD-системы в 3D – представление. Современный прототип позволяет не только оценить внешний вид детали, но и проверить элементы конструкции, провести необходимые испытания. Использование RP-технологии в прототипировании способно на 50 - 80% сократить сроки подготовки производства, практически полностью исключить длительный и трудоемкий этап изготовления опытных образцов вручную, или на станках с ЧПУ. В настоящее время широко используются несколько технологий быстрого прототипирования изделий (STL — sterolithography, SGC — Solid Ground Curing, FDM — Fused Deposition Modelig, BPM — Ballistic Particle Manufacturing, SLS — Selective Laser Sintering, LOM — Laminated Object Modeling), отличающиеся между собой исходным материалом и способом его нанесения. [1,2]

Используя положительный опыт применения FDM- технологии быстрого прототипирования в Егорьевском технологическом институте (филиале) ФГБОУ ВПО МГТУ «СТАНКИН» совместно с ООО НЦПЭ [3, 34-36] для создания модели конкретной детали, были проведены испытания на растяжение, сжатие и срез с целью исследования изотропности прототипов в зависимости от ориентации слоев.

FDM-технология (Fused Deposition Modeling - послойное наложение расплавленной полимерной нити) заключается в создании 3D-прототипа за счет послойного выдавливания через фильеру расплавленной нити модельного материала. Особенностью технологии FDM является применение в качестве материала нити из ABS, поликарбоната или воска. Свойства используемых пластиков очень близки к конструкционным маркам. [2] Для проведения исследований печать экспериментальных образцов была реализована на струйном 3D принтере фирмы MakerBot. Процесс печати на этом принтере подробно изложен в [3, 34-36].

Для испытаний на растяжение, сжатие и срез были изготовлены три группы образцов. Образцы в каждой группе печатались с различной ориентацией слоев: с продольным и поперечным направлением расположения относительно центральной оси образца (рис. 1,2).

Рис. 1. Образцы с продольным и поперечным направлением нанесения слоев

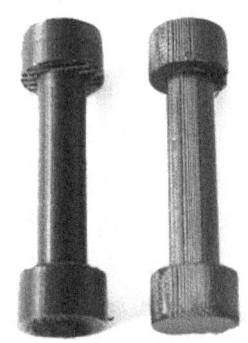

Рис. 2. Очищенные от поддержек распечатанные образцы:

а) с поперечным расположением слоев;
б) с продольным расположением слоев.

Испытания на растяжение, сжатие и срез проводились на разрывной машине «ИМ-4Р» (конструкция ЦНИИТМАШ) с использованием специальной оснастки. Эта машина имеет механизмы для нагружения испытуемого образца, механизмы для измерения нагрузок, приложенных к образцам, и самозаписывающие приборы, вычерчивающие диаграммы растяжения. Нагружение образца производилось механически при помощи двигателя. Результаты проведения эксперимента записывались автоматически в виде диаграммы «нагрузка - деформация», позволяющей найти величины пределов прочности при растяжении ($\sigma_в$), при сжатии ($\sigma_{сж}$) и допускаемое напряжение при срезе $\tau_{ср}$. По полученным диаграммам испытаний были выявлены предельные значения характеристик прочности образцов (табл. 1). Сравнительный анализ результатов исследований графически представлен на рисунке 3.

Таблица 1. Значения характеристик прочности образцов

	Продольное направление слоев	Перпендикулярное направление слоев
Предел прочности при растяжении - $\sigma_в$, МПа	19,1	9,2
Предел прочности при сжатии - $\sigma_{сж}$, МПа	62,8	57,7
Допускаемое напряжение при срезе – $\tau_{ср}$, МПа	36,3	29,6

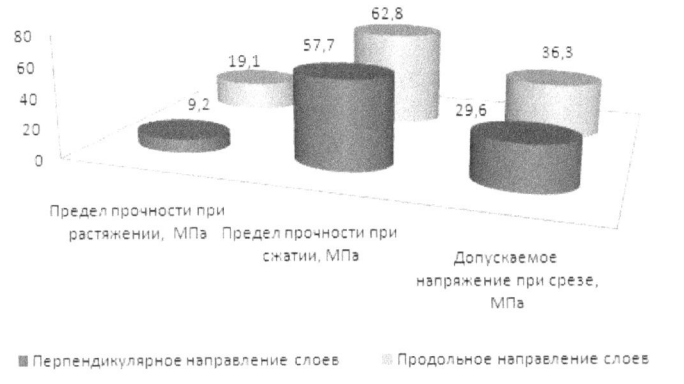

Рис. 3. Прочностные характеристики образцов.

Из таблицы и графических зависимостей можно сделать следующий вывод: прочность на растяжение, сжатие и срез выше у образцов с продольным расположением слоев относительно центральной оси изделия. Это происходит в связи с тем, что разрушающим силам, действующим на образец, приходиться преодолевать прочность цельнолитой нити пластика, а не сплавленных слоев. В связи с этим, можно сделать следующее заключение: изделия, получаемые методами быстрого прототипирования, необходимо распечатывать таким образом, чтобы предполагаемые в конструкции нагрузки на срез располагались поперек слоев, а на растяжение и сжатие параллельно им.

Литература

1. Rapid Prototyping & Computer Aided Design 2009.[Электронный ресурс]. - Режим доступа:
http://portal.tpu.ru/SHARED/k/KSO/Files/TomskCAD/RP/RP.htm.

2. . ВЗРТ - Арсенал[Электронный ресурс]. - Режим доступа:
http://www.vzrt.ru/rp_tec.php]

3. Белов П.С., Драгина О.Г., Никифоров Д.Ю. Технология создания 3D-моделей и изготовление опытных образцов с помощью быстрого прототипирования. / Журнал «Технология машиностроения», 2014. - №6, с.34-36.

Зонов Д.В.
ФАМ ВятГУ
Зонов А.В.
к.т.н., доцент каф. НГиЧ ВятГУ

ПРИМЕНЕНИЕ АЛЬТЕРНАТИВНОГО ВИДА ТОПЛИВА - ЭТАНОЛО-ТОПЛИВНОЙ ЭМУЛЬСИИ В ДИЗЕЛЕ 4Ч 11,0/12,5

Проблема загрязнения окружающей среды автомобильным транспортом сегодня очень актуальна. На его долю приходится около 40% всех выбросов в атмосферу. В крупных городах этот показатель достигает 60 - 80%.

В статье опубликованы частичные результаты исследований дизеля 4Ч 11,0/12,5 при использовании в качестве моторного топлива этаноло-топливной эмульсии (ЭТЭ),и показано улучшение экологических показателей дизеля 4Ч 11,0/12,5 при работе на ЭТЭ на режиме максимального крутящего момента. В соответствии с методикой стендовых испытаний нами были проведены испытания дизеля 4Ч 11,0/12,5 по исследованию влияния применения ЭТЭ на экологические показатели в зависимости от изменения нагрузки, в зависимости от установочного УОВТ на режиме максимального крутящего момент.[1,20]

Исследуя влияние применения этаноло-топливной эмульсии на экологические показатели дизеля 4Ч 11,0/12,5 в зависимости от изменения нагрузки при различных установочных УОВТ при работе на номинальном режиме, и далее, основываясь на данных кривых в графиках на каждом установочном УОВТ получаем регулировочную характеристику.[2.32]

На рисунке 1 представлено содержание токсичных компонентов в ОГ дизеля 4Ч 11,0/12,5 в зависимости от изменения установочного УОВТ при работе на режиме максимального крутящего момента при частоте вращения коленчатого вала n = 1700 мин$^{-1}$, и нагрузке p_e = 0,69 МПа.

Из графиков видно, что при работе на ДТ при значении установочного УОВТ $\Theta_{впр\,дт}$ = 20° до ВМТ содержание NO_x в ОГ составляет 690 ppm, содержание СН в ОГ составляет 0,022 %, CO_2 - 5,65 %, содержание СО - 0,44 %, дымность ОГ составляет 3,0 ед. по шкале Bosch. При увеличении значения установочного УОВТ до $\Theta_{впр\,дт}$ = 23° до ВМТ содержание NO_x в ОГ увеличивается до значения 890 ppm, содержание СН в ОГ составляет 0,054 %, содержание CO_2 в ОГ увеличивается до значения 6,05 %, СО в ОГ принимает значение 0,42 %, дымность ОГ составляет 2,6 ед. по шкале Bosch. При значении установочного УОВТ $\Theta_{впр\,дт}$ = 26° до ВМТ содержание NO_x в ОГ достигает значения 980 ppm, содержание СН - 0,048 %, содержание CO_2 в ОГ составляет 7,0 %, содержание СО в ОГ принимает значение 0,48 %, дымность ОГ составляет 2,8 ед. по шкале Bosch. При значении установочного УОВТ $\Theta_{впр\,дт}$ = 29° до ВМТ количество NO_x в ОГ составляет 950 ppm, содержание СН - 0,068 %, содержание CO_2 в ОГ достигает значения 6,4 %, содержание СО в ОГ составляет 0,78 %, дымность ОГ составляет 3,7 ед. по шкале Bosch.

При работе на ЭТЭ при значении установочного УОВТ $\Theta_{впр\ этэ} = 20°$ до ВМТ содержание NO_x в ОГ составляет 515 ppm, содержание СН в ОГ составляет 0,30 %, содержание CO_2 - 7,35 %, содержание СО - 0,50 %, С – 1,0 ед. по шкале Bosch. При увеличении значения установочного УОВТ до $\Theta_{впр\ этэ} = 23°$ до ВМТ содержание NO_x в ОГ увеличивается до 530 ppm, количество СН в ОГ увеличивается и составляет 0,31 %, CO_2 в ОГ увеличивается до значения 7,65 %, СО в ОГ принимает значение 0,34 %, С – 0,8 ед. по шкале Bosch. При значении установочного УОВТ $\Theta_{впр\ этэ} = 26°$ до ВМТ содержание NO_x в ОГ составляет 630 ppm, содержание СН - 0,18 %, количество CO_2 в ОГ достигает значения 7,83 %, содержание СО в ОГ составляет 0,46 %, С – 1,2 ед. по шкале Bosch. При значении установочного УОВТ $\Theta_{впр\ этэ} = 29°$ до ВМТ содержание NO_x в ОГ достигает 775 ppm, количество СН - 0,20 %, содержание CO_2 в ОГ составляет 8,0 %, количество СО в ОГ принимает значение 0,96 %, С – 2,3 ед. по шкале Bosch.

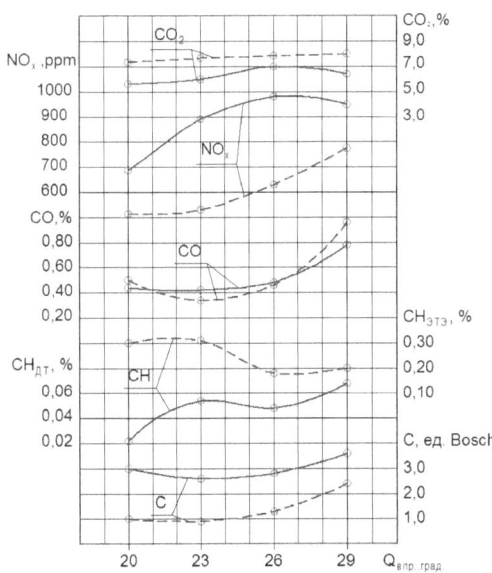

Рисунок 1 - Влияние применения этаноло-топливной эмульсии на экологические показатели дизеля 4Ч 11,0/12,5 в зависимости от изменения установочного УОВТ на режиме максимального крутящего момента с частотой вращения коленчатого вала n = 1700 мин$^{-1}$, и нагрузкой p_e = 0,69 МПа:

——— - ДТ;   — — — - ЭТЭ

Сравнивая оптимальные значения установочных УОВТ, следует отметить, что на режиме максимального крутящего момента при работе на ДТ содержание NO_x в ОГ составляет 890 ppm, а при работе на ЭТЭ - 530 ppm, т.е. содержание NO_x в ОГ уменьшается на 40,4 %. Содержание СН в ОГ при работе на ДТ равно 0,054 %, а при работе на ЭТЭ - 0,31 %, т.е. содержание СН в ОГ увеличивается значительно. Содержание CO_2 в ОГ при работе на ДТ равно 6,05 %, а при работе на ЭТЭ - 7,65 %, т.е. увеличение составляет 20,9 %. Содержание СО в ОГ при работе на ДТ равно 0,42 %, а при работе на ЭТЭ - 0,34 %, т.е. происходит снижение на 19 %. Содержание СО в ОГ при работе на ДТ равно 0,58 %, а при работе на ЭТЭ - 0,46 %, т.е. происходит снижение на 20,7 %. Содержание дымности в ОГ при работе на ДТ равно 2,6 %, а при работе на ЭТЭ – 0,8 %, т.е. происходит снижение на 30,8 %.

Таким образом, установочный УОВТ оказывает значительное влияние на содержание токсичных компонентов в ОГ дизеля 4Ч 11,0/12,5 как при работе на ДТ, так и при работе дизеля на ЭТЭ.

Анализируя изменение экологических показателей при работе на ЭТЭ, можно сделать следующие выводы. При увеличении частоты вращения уменьшается содержание NO_x в ОГ от 785 ppm при $n = 1200$ мин$^{-1}$ до 605 ppm при $n = 2400$ мин$^{-1}$. Снижение содержания NO_x в ОГ составляет 29,8 %. Содержание СО в ОГ снижается с 0,51 % при $n = 1200$ мин$^{-1}$ до 0,41 % при $n = 2400$ мин$^{-1}$, т.е. на 19,6 %. Содержание CO_2 в ОГ снижается. Так, при $n = 1200$ мин$^{-1}$ содержание CO_2 в ОГ составляет 7,9 %, а при $n = 2400$ мин$^{-1}$, содержание CO_2 в ОГ составляет 6,1 %. Содержание CO_2 в ОГ снижается на 22,8 %. Содержание СН в ОГ повышается с 0,22 % при $n = 1200$ мин$^{-1}$ до 0,36 % при $n = 2400$ мин$^{-1}$, т.е. на 38,9 %. Содержание С в ОГ увеличивается с 0,9 ед. при $n = 1200$ мин$^{-1}$ до 1,3 ед. при $n = 2400$ мин$^{-1}$ по шкале Bosch, т.е. в 1,44 раза.

Анализируя изменение экологических показателей дизеля 4Ч 11,0/12,5 при переходе с ДТ на ЭТЭ, отметим, что при работе на ЭТЭ на всем скоростном диапазоне в ОГ снижается содержание СО, увеличивается содержание CO_2, возрастает содержание СН, а также происходит значительное уменьшение содержания NO_x, существенно снижается дымность в ОГ.

На основании проведенных лабораторно-стендовых исследований дизеля 4Ч 11,0/12,5 установлена возможность улучшения экологических показателей дизеля путем применения альтернативного топлива — ЭТЭ.

Литература:

1. Зонов А.В. Исследование экологических показателей дизеля 4Ч 11,0/12,5 при работе на ЭТЭ в зависимости от изменения установочного угла опережения впрыскивания топлива. Вестник НГИЭИ. 2013. № 2. С. 20-25.

2. Зонов А.В. Улучшение токсических показателей дизеля 4Ч 11,0/12,5 при работе на ЭТЭ в зависимости от изменения частоты вращения коленчатого вала. Вестник НГИЭИ. 2013. № 2. С. 32-36.

Якимов М.Р.

д-р техн. наук, профессор Пермского национального исследовательского политехнического университета, г. Пермь
E-mail: road-auto@mail.ru

ОПРЕДЕЛЕНИЕ ЦЕЛЕСООБРАЗНОСТИ ВЫДЕЛЕНИЯ ПОЛОСЫ ДЛЯ ДВИЖЕНИЯ ОБЩЕСТВЕННОГО ТРАНСПОРТА НА УЧАСТКАХ ПРОСПЕКТА КОМСОМОЛЬСКИЙ ГОРОДА ПЕРМИ

Для повышения транспортной эффективности улично-дорожной сети на двух участках, включающих Комсомольский проспект от улицы Пушкина до улицы Революции и Комсомольский проспект от улицы Революции до Комсомольской площади г. Перми, было проведено исследование, целью которого являлось определение целесообразности выделения полосы для движения маршрутных транспортных средств.

Для реализации поставленной цели были решены следующие задачи: определены существующие параметры функционирования элементов улично-дорожной сети в границах объектов исследования [1]: интенсивности транспортных потоков индивидуального транспорта для каждого исследуемого участка в «часы пик» и межпиковые часы, интенсивности транспортных потоков городского пассажирского транспорта общего пользования в границах исследования в пиковые и межпиковые часы по типам подвижного состава, коэффициент средней наполненности салона единиц индивидуального транспорта, коэффициент средней наполненности салона единиц подвижного состава городского пассажирского транспорта общего пользования; определена целесообразность организации выделенной полосы движения в границах объектов исследования в соответствии с методологией обоснования целесообразности выделения обособленных полос для движения маршрутных транспортных средств на улично-дорожной сети крупного города [2].

В работе рассматривались два объекта исследования:

1) Участок Комсомольского проспекта от улицы Пушкина до улицы Революции.

На данном участке имеется пересечение Комсомольского проспекта – ул. Краснова. Кроме того, имеется 2 выезда. На протяжении всего объекта исследования в каждом направлении организовано 3 полосы движения (Рисунок 1).

Рисунок 1. Участок улично-дорожной сети, включающий Комсомольский проспект от ул. Пушкина до ул. Революции

2) Участок Комсомольского проспекта от улицы Революции до Комсомольской площади. На всем протяжении участка также организовано 3 полосы движения (Рисунок 2).

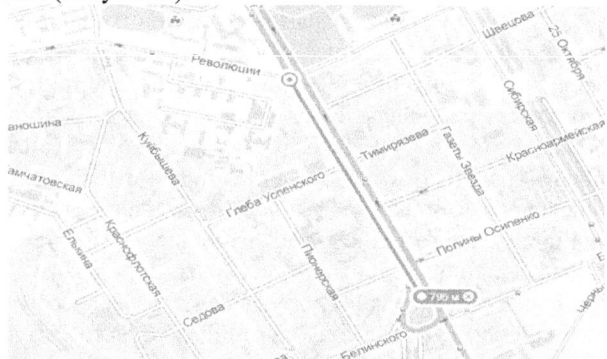

Рисунок 2. Участок улично-дорожной сети, включающий Комсомольский проспект от ул. Революции до Комсомольской площади

Был проведен расчет существующих и прогнозных интенсивностей транспортных потоков проводился для утреннего (08:30-09:30) и для вечернего часа пик (18:00-19:00) при помощи транспортной модели г. Перми. Интенсивности городского пассажирского транспорта общего пользования приняты в соответствии с расписанием движения городского пассажирского транспорта общего пользования (Таблица 1).

При различных интенсивностях движения индивидуального и городского пассажирского транспорта общего пользования функция разности общего времени задержек может принимать как отрицательное, так и положительное значение [3]. Для обоснования выделения полосы маршрутных транспортных средств необходимо использовать в качестве исходных данных интенсивность движения транспортного потока в приведенных единицах без учета городского пассажирского транспорта общего пользования q_i и отдельно интенсивность движения городского пассажирского транспорта общего пользования q_0. Исходные данные необходимо подставить в соотношение (1):

$$T_1 - T_2 = q_i * w_{\text{ла}} * (t_{\text{акт}} - t_{\text{акт1}}) + q_0 * w_{\text{от}} * (t_{\text{акт}} - t_{\text{акт2}}) = q_i * w_{\text{ла}} * \frac{t_0(k*q_0*(n-1)-q_i)*(k*q_0(n-1)+2q_i*n-q_i)}{q_{max}^2 n^2 (n-1)^2} + q_0 * w_{\text{от}} * \frac{t_0(q_i+q_0*k*(1-n))*(q_i*kq_0(1+n))}{q_{max}^2 n^2}, \quad (1)$$

где T_1 - общее время задержки для всех участников движения на рассматриваемом участке улично-дорожной сети для варианта 1 (городской пассажирский транспорт общего пользования движется в общем потоке транспортных средств), час; T_2 - общее время задержки для всех участников движения на рассматриваемом участке улично-дорожной сети для варианта 2 (маршрутные транспортные средства движется только по выделенной полосе), час; q_i - интенсивность движения индивидуального транспорта, ТС/час; q_0 - интенсивность движения городского пассажирского транспорта общего пользования, ТС/час; q_{max} – максимальная пропускная способность полосы движения исследуемого участка, ТС/час; k – коэффициент приведения единиц городского пассажирского транспорта общего пользования к индивидуальным автомобилям; $w_{\text{от}}$ - коэффициент средней - наполненности единицы городского пассажирского транспорта общего пользования составляет, чел/ТС; n - количество полос движения в одном направлении; $t_{\text{акт}}$ - актуального времени прохождения участка, час; $t_{\text{акт1}}$ - актуальное время движения для общего потока транспортных средств, час; $t_{\text{акт2}}$ - актуальное время движения по выделенной полосе маршрутных транспортных средств, час [1].

Подставив исходные данные в соотношение (1), необходимо определить значение разности задержек $\Delta T\,(q_i, q_0)$ при различных вариантах организации движения. Если полученное значение будет больше нуля, то есть смысл говорить о выделении полосы для маршрутных транспортных средств на рассматриваемом участке, так как при этом сократится общее время реализации транспортных корреспонденций всеми участниками дорожного движения.

Интенсивности транспортных потоков на объектах 1 и 2 в утренний и вечерний час пик

«Час пик»	Направление	Интенсивность движения индивидуального транспорта q_0 ТС/час	Интенсивность городского пассажирского транспорта общего пользования, qi_n ТС/час	Общая интенсивность транспортного потока, ТС/час
		Объект 1		
Утренний	От ул. Пушкина до ул. Революции	820 -1000	56	876-1056
	От ул. Революции до ул. Пушкина	890 - 1040	144	1034-1184
Вечерний	От ул. Пушкина до ул. Революции	810 - 990	51	871-1041
	От ул. Революции до ул. Пушкина	910-1010	131	1041-1141
		Объект 2		
Утренний	От ул. Революции до Комсомольской площади	910-1350	45	955-1395
	От Комсомольской площади до ул. Революции	550-810	144	694-954
Вечерний	От ул. Революции до Комсомольской площади	910-1360	51	961-1411
	От Комсомольской площади до ул. Революции	550-820	131	681-851

Рассмотрим подробно определение целесообразности выделения полосы общественного транспорта (ОТ) для объекта 1 для направления от улицы Пушкина до улицы Революции в утренний час пик.

Если приравнять разность времени задержек к нулю ($\Delta T\,(q_i, q_0) = 0$) и преобразовать выражения, то можно получить геометрическое место точек, которое будет удовлетворять следующему уравнению:

$$q_i^3 + 772{,}129q_0^3 = 27{,}329q_i^2 q_0 + 99{,}7161 q_i q_0^2 \qquad (2)$$

На основе полученного равенства была построена номограмма (Рисунок 3).

На рисунке представлена область между двух линий, отражающая набор значений интенсивностей транспортных потоков индивидуального и городского пассажирского транспорта общего пользования, выделение полосы маршрутных транспортных средств, для которых снизит общее время задержки для всех участников движения на рассматриваемом участке.

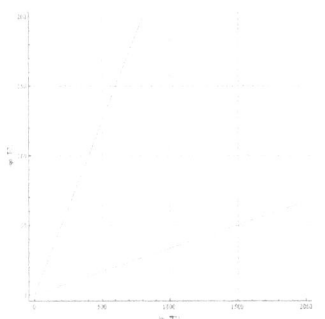

Рисунок 3. Номограмма для соотношения (2)

Для того чтобы определить, целесообразно ли выделение полосы маршрутных транспортных средств на данном участке при существующих параметрах функционирования необходимо найти точку, соответствующую существующим значениям интенсивностей транспортных потоков.

В существующей ситуации интенсивность индивидуального транспорта q_i=820-1000, городского пассажирского транспорта q_0=56. При подстановке данных значений в график, представленный на рисунке (3), находим точку, которая принадлежит области, для которой выделение полосы маршрутных транспортных средств снизит общее время задержки для всех участников движения на рассматриваемом участке. В связи с этим можно сделать вывод, что, при существующих параметрах функционирования выделение полосы маршрутных транспортных средств целесообразно.

Для всех оставшихся случаев выявление целесообразности выделения полосы маршрутных транспортных средств прошло аналогично.

В результате расчета целесообразности выделения полосы для движения маршрутных транспортных средств было выявлено, что при существующих параметрах функционирования как в утренние и вечерние «часы пик», так и в межпиковое время для всех объектов исследования организация выделенной полосы для движения маршрутных транспортных средств уменьшит задержки для всех участников дорожного движения.

Список литературы

1.   Клинковштейн Г. И., Афанасьев М. Б. Организация дорожного движения: Учеб. для вузов.– 5-е изд., перераб. и доп. – М: Транспорт, 2001 – 247 с.

2.   Трофименко Ю.В., Якимов М.Р. Транспортное планирование: формирование эффективных транспортных систем крупных городов: монография /Ю.В. Трофименко, М.Р. Якимов. – М.: Логос, 2013. – 464 с

3.   VISSIM 5.30. Руководство пользователя

Ladygin A.N.,
Ph.D., professor, National Research University «MPEI»
Karpukhina D.S., Suchkov K.D.
Students, National Research University «MPEI»

RESEARCH OF HARMONIC DISTORTION OF NETWORK CURRENT USING RECUPERATOR

Presently, asynchronous electric drives with frequency converters (FC) based on autonomous voltage inverter are widely used in the industry. Most of them have uncontrollable inlet bridge rectifier, what resulting in inability to transmit the energy into the supply network in the braking mode of electric drive. As a rule, for this mode braking resistors are provided. They dissipated energy generated by electric drive at braking. It leads to significant reduction of energy efficiency of electric drives. In order to avoid unnecessary energy loss and excessive heating of the atmosphere, such electrical drives can be supplemented by special electrical converter - recuperator.

In the simplest case can be applied a recuperator representing an inverter driven by network which input is connected to the FC DC link and an output connected to the mains. The use of recuperator in such system of electric drive allows to return energy to the grid. It is an effective way to save electric power consumed by technological equipment with electric drive. However, using recuperator appears a problem of low power quality returning to electrical system in brake mode of an electric drive because of complex harmonic content of AC current. Therefore, investigations aimed at choice and evaluating of efficiency of means reducing a degree of harmonic distortion are actual. In proposed paper discusses the results of researches of the effectiveness of a line choke as a means of improving the quality of power delivered per network.

The researches was carried out on the equipment of Scientific and Educational Center "Schneider Electric - MPEI" on the experimental installation that contains the frequency converter ATV 61HU22N4 2.2 kW, recuperator VW3A7201, line choke VW3 A4 552 (L = 4 mH, I = 10 A) and multifunction power meter PM850. The shaft of the asynchronous motor 1.5 kW that receives power from the FC is connected to the shaft of the DC motor that is powered by a thyristor converter which operates as source of moment. On such installation during the experiment it is possible to establish static modes of the studied system FC-AD both in the first (engine) and in the second (braking) quadrants of plane of mechanical characteristics.

When asynchronous motor operate as a generator recuperator which input is connected to the FC DC link and an output connected to the mains realize return of the braking energy in the mains supply. When operating in motoring mode recuperator is not working. It comes into operation automatically when exceeding the voltage on the DC link of allowable value regardless of at which drive mode this excess occurred and then kept constant the whole period of dectltration. From the output of the recuperator energy is transferred to the mains supply with a nominal voltage 380 V and frequency 50 Hz. Experiments were carried out with the active nominal torque produced by the DC motor.

To assess the effectiveness of application of line choke on the first stage of the research was carried out an experiment of evaluating the quality of the network current when the drive is running in generator mode without throttle. The results of these experiments showed that value of total harmonic distortion factor of network current THD in this case amounted to 180%. The fig.1 shows the result of computer processing of one of the line current waveforms obtained during these experiments. The result submitted as a histogram of the current harmonic content.

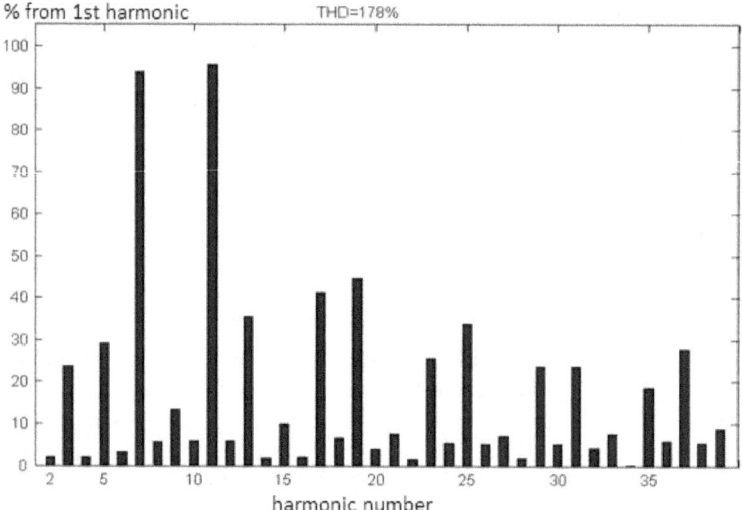

Fig.1 Harmonic composition of current during operation of recuperator without choke

On the next stage of research were carried out experiments to evaluate the quality of the network current when the drive is running with line choke. As might be expected, inclusion of the line choke in system with recuperator led to decrease in the amplitude of the higher harmonics of the line current. According to experimental data was evaluated harmonic content of the network current at work studied electric drive in braking mode. Was founded that use of line choke reduces value THD of network current in braking mode of the electric drive to 70%. Total harmonic distortion factor has decreased more than twice. Example of computer processing of one of the line current waveforms obtained during experiments with using of throttle is shown on fig.2.

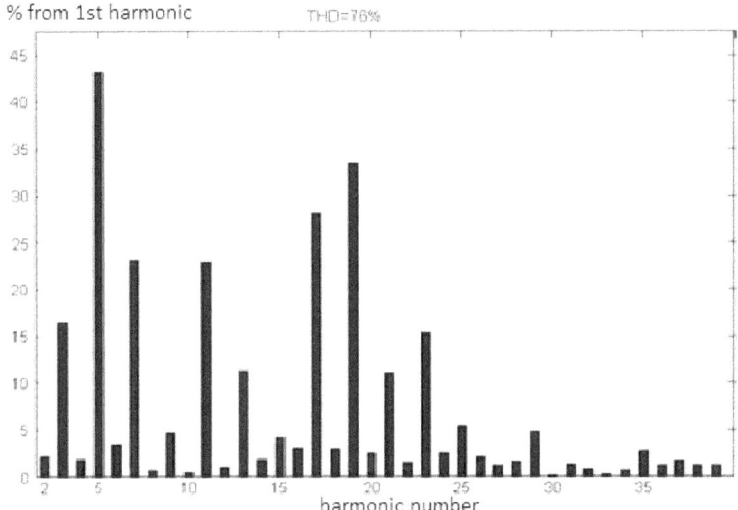

Fig.2 Harmonic composition of current during operation of recuperator with choke

Analysis of the results of the research showed that the installation of serial choke before connecting points of the recuperator to network is an effective means of reducing harmonic distortion when using FC with the recuperator of this type. Also conducted researches allowed to give an important for practice quantitative assessment of the degree of positive impact of this means on quality of electricity recuperated to network in braking modes.

Федулов Я.А.
филиал МЭИ в г. Смоленске
fedulov_yar@mail.ru

НЕЧЕТКАЯ ОЦЕНКА КАЧЕСТВА ПРОГРАММНЫХ СРЕДСТВ

Стремительное увеличение сложности и размеров современных программных средств при одновременном росте числа выполняемых функций резко повысило требования со стороны заказчиков и пользователей к их качеству и безопасности. По мере расширения применения и увеличения сложности информационных продуктов выделились области, в которых ошибки или недостаточное качество программ либо данных могут нанести ущерб, значительно превышающий положительный эффект от их использования.

Многообразие программных средств, имеющих сходное функциональное назначение, создает жесткую конкуренцию на рынке программной продукции, что усугубляется ужесточением к аппаратным требованиям последних версий выпускаемых программ.

Неявное декларирование в технических заданиях и других сопроводительных документах понятий и требуемых значений показателей качества программных средств вызывает конфликты между заказчиками-пользователями и разработчиками-поставщиками из-за разной трактовки одних и тех же характеристик.

Рассмотренные факторы вынуждают как заказчиков, так и производителей программных средств уделять повышенное внимание к требованиям и оценке качества программных средств.

Практическое применение существующих методик для оценки программных средств затруднено в связи с большим числом показателей, различными метриками оцениваемых показателей, противоречивостью и зачастую неполнотой исходных данных для оценки.

Основными стандартами по оценке качества программных средств являются международные стандарты [1,6; 2,10] и ГОСТ 28195-89 «Оценка качества программных средств». В них определяются методики оценки качества программных средств, представляющие собой совокупность действий, включающих выбор номенклатуры показателей качества, определение весовых коэффициентов и значений этих показателей, а также операцию получения общей оценки. Значения показателей, как правило, обосновываются экспертами. Выделяется четыре уровня показателей. На верхнем уровне оцениваются следующие показатели программных средств «надежность», «сопровождаемость», «удобство применения», «эффективность», «универсальность» и «корректность». На нижнем (четвертом) уровне общая оценка по частным показателям рассчитывается как их взвешенная сумма: $F = \sum_{i=1}^{n} c_i w_i,$

где c_i – характеризует наличие показателя, (0 или 1); w_i – весовой коэффициент соответствующего показателя; n – число показателей.

К основным недостаткам данных методик оценки можно отнести громоздкость вычислений и отсутствие учета каких-либо связей между показателями.

Предлагается методика оценки качества программных средств, основанная на построении нечетких оценочных моделей с сочетанием прямого и обратного вывода и учетом совместимостей показателей оценки [3,], позволяющая определять нечеткую стратегию оценки для каждой группы частных показателей. Для данной методики проводилась оценка эффективности ее применения, эксперты отметили требуемое качество оценки программных средств.

Представим процесс построения нечеткой оценочной модели в рамках предлагаемой методики.

Для оценки была выбрана трехуровневая иерархия показателей оценки качества программных средств, которая представлена на рисунке 1.

Рисунок 1 – Иерархия показателей оценки качества программных средств

На верхнем уровне иерархии (Уровень 1) формируется общая оценка программных средств, получаемая из оценок показателей согласно стандарту ГОСТ 28195-89. На втором уровне (Уровень 2) свертываются общие показатели, составляющие соответствующие им характеристики из первого уровня. Нижний (Уровень 3) уровень иерархии представлен набором наиболее значимых частных показателей. Итоговый общий набор показателей $Q = \{q_1, q_2, ..., q_n\}$, $n = 53$.

Оценки свертываемых показателей p_i находятся в универсальной шкале в диапазоне [0, 1] и представляют собой значения функций принадлежности нечетких множеств-синглтонов соответствующие градациям оценки. Веса показателей верхнего уровня представлены в таблице 1.

В результате проведенных попарных сравнений в группах одноуровневых показателей построены матрицы совместимости на каждом уровне иерархии и составлен набор из шести степеней совместимости: $U = \{1, 2, 3, 4, 5, 6\}$, обуславливающий возможные варианты взаимовлияния оценок показателей одного уровня.

Таблица 1 – Веса показателей верхнего уровня

№	Название	Вес	№	Название	Вес
1	Надежность	0,20	4	Эффективность	0,19
2	Удобство применения	0,18	5	Универсальность	0,12
3	Сопровождаемость	0,17	6	Корректность	0,14

Степень совместимости «1» (высокая) означает, что достижение высоких значений оценки по одному показателю приводит к достижению высоких значений по другому, а степень совместимости «6» (низкая) – достижение высоких показателей оценки по одному показателю существенно ограничивает достижение высоких значений по другому.

По полученному набору степеней совместимости U, получен набор операций сверток показателей $H = \{h_1, h_2, h_3, h_4, h_5, h_6\}$, где

$h_1(k', k'') = \min(k', k'');$ $h_3(k', k'') = \text{med}(k', k''; 0,43);$ $h_5(k', k'') = \text{med}(k', k''; 0,71);$

$h_2(k', k'') = \text{med}(k', k''; 0,29);$ $h_4(k', k'') = \text{med}(k', k''; 0,56);$ $h_6(k', k'') = \max(k', k'').$

Способ определения параметра α в операциях свертки вида $h(k', k'') = \text{med}(k', k''; \alpha)$ для соответствующих степеней совместимости описывается в работе [3,136].

С использованием предлагаемой методики можно задать стратегию оценки для каждой группы свертываемых показателей, путем выбора различного порядка свертываемых показателей и пересчета совместимостей по объединяемым показателям.

Продемонстрируем изменение получения обобщенной оценки при нечетком подходе в зависимости от стиля на примере показателя «Сопровождаемость». Показатели данной группы в основном хорошо совместимы. Экспертом был выбран порядок свертки показателей, позволяющий учесть плохие оценки хорошо совместимых показателей и порядок пересчета, учитывающий наилучшие совместимости. Граф оценки соответствующий построенной матрице совместимостей для показателя «Сопровождаемость», а также порядок свертки показателей для выбранной стратегии представлен на рисунке 2.

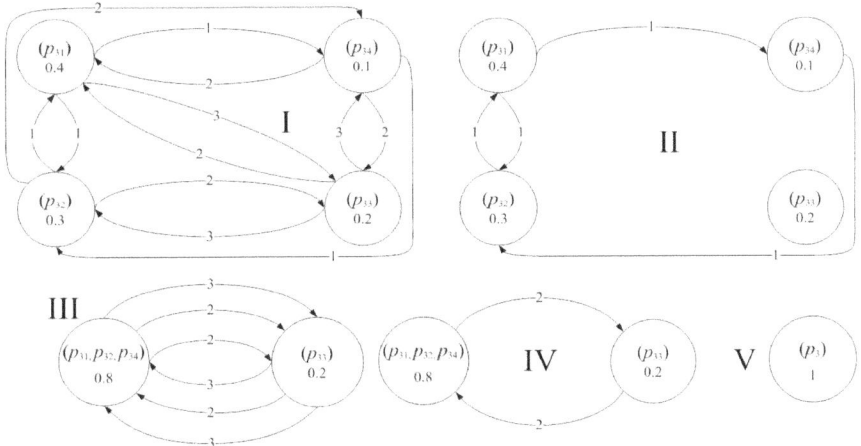

Рисунок 2 – Пример графа оценки и порядка свертки показателей

Процесс свертки продолжается до тех пор, пока не будет свернута группа показателей верхнего уровня, таким образом, будет получена итоговая оценка программных средств.

Разработанный и реализованный научно-методический аппарат обеспечил требуемое качество оценки качества программных средств. Полученные по представленной методике оценки качества программных средств достоверны и соответствуют оценкам рейтинговых агентств. Кроме того, обеспечивается гибкая и оперативная структурная и параметрическая (на языке специалистов в предметной области) настройка моделей оценки, с возможностью детального определения и анализа слабых показателей оцениваемых программных средств.

Литература

1. ISO/IEC 25010:2011 Systems and software engineering -- Systems and software Quality Requirements and Evaluation (SQuaRE) -- System and software quality models
2. ISO/IEC 9126:1991. Information technology – Software product evaluation – Quality characteristics and guidelines for their use.
3. Борисов В. В., Федулов Я.А. Нечеткая модель оценки сложных организационно-технических систем // Естественные и технические науки. № 5. – М.: Изд-во «Спутник+», 2014, С. 134-145.

Мокеева Т.О. - аспирант
Зубарв Ю.Я. - д.т.н., профессор
Государственный университет морского и речного флота имени адмирала
С.О.Макарова, г. Санкт-Петербург

ИМИТАЦИОННОЕ МОДЕЛИРОВАНИЕ ПРОЦЕССОВ ОБРАБОТКИ ЭКСПОРТНО-ИМПОТРНЫХ СУДОВ НА КОНТЕЙНЕРНОМ ТЕРМИНАЛЕ

Развитие системы морских перевозок, новые технологии морской транспортировки и обработки грузов, повышение конкуренции между портами, экономические кризисы – все это привело к необходимости создания новых методов проектирования. Одним из направлений поиска решений стало использование имитационного моделирования.

Процесс переработки грузов в контейнерном терминале можно представить в виде системы массового обслуживания (СМО). В качестве заявок СМО рассматриваются прибывающие суда, подлежащие обработке. В качестве обслуживающих устройств рассматривают грузовые причалы, на каждом из которых может осуществляться обработка грузов. Если все причалы заняты, то вновь прибывшее судно может встать в очередь и ожидать освобождение одного из причалов, на котором оно может быть обработано.

Рассмотрим контейнерный терминал, включающий S одинаковых причалов, на которые поступает нерегуляный однородный поток судов. Число судов может быть ограничено и не ограничено. Рассмотрим первый случай, когда число судов m ограничено, но достаточно велико. Будем считать, что поток состоит из однотипных судов. Под однотипными судами будем понимать суда, обладающие одинаковой контейнеровмемтимостью. Так как марковские модели не описывают процессы достаточно адекватно предлагается использовать имитационное моделирование.

При создании модели выбраны следующие законы распределения – приход судов рассчитывается с учетом пуассоновского закона распределения, а обработка по равномерному закону распределения. Приведенные расчеты показали, что с увеличением среднеквадратичного отклонения времени обработи судов возрастает время ожидания судов в очереди.

Разработка имитационной модели позволяет определить вероятностные характеристики времени ожидания судов в очереди, проанализировать результаты и выработать рекомендации для принятия управленческих решений с целью совершенствования работы контейнерных терминалов.

Семенова А.А.

аспирант, Государственный университет морского и речного флота имени адмирала С.О.Макарова, г. Санкт-Петербург

ИНФОРМАЦИОННАЯ МОДЕЛЬ ЗАДАЧИ ИДЕНТИФИКАЦИИ ПОКАЗАТЕЛЕЙ РАДИОЛОКАЦИОННОЙ НАБЛЮДАЕМОСТИ

Постановка задачи идентификации параметров радиолокационной наблюдаемости над морской поверхностью:

Имеется РЛС, расположенная на борту судна, и излучающая радиосигнал для определения местоположения объекта на морской поверхности. Для РЛС заданы ее основные характеристики:

- высота расположения антенны РЛС, м;
- длина волны РЛС, см;
- угол подъема оси диаграммы направленности антенны (ДНА), град.;
- ширина ДНА в вертикальной плоскости, град.;
- уровень отсчета ширины ДНА;
- излучаемая импульсная мощность РЛС, Вт;
- максимальный коэффициент направленного действия РЛС;
- средняя высота морской волны, м;
- наличие или отсутствие осадков.

Также задано вертикальное распределение индекса преломления тропосферы $N(z)$. Индекс преломления – это функция метеорологических параметров (давления, температуры, влажности).

Необходимо автоматизировать процесс определения основных параметров радиолокационной наблюдаемости над морской поверхностью, используя теорию планирования эксперимента, а именно: распределение множителя ослабления электромагнитного поля РЛС (величина множителя ослабления определяется отношением напряженности электрического поля при распространении радиоволн в реальных условиях к напряженности электрического поля на том же расстоянии, при тех же параметрах аппаратуры в свободном пространстве); распределение плотности потока мощности излучающей РЛС; коэффициент затухания электромагнитного поля.

Главной задачей на этапе проектирования структуры программного обеспечения для идентификации показателей радиолокационной наблюдаемости является создание информационно-логической модели в виде диаграммы классов.

В качестве инструмента для проектирования диаграммы классов в дипломной работе использовались диаграммы UML, которые предоставляют широкие возможности для отображения основных классов, различных взаимосвязей между ними, их свойства, а также дополнительной информации.

Диаграмма классов позволяет представить статическую структуру модели идентификации параметров радиолокационной наблюдаемости в терминологии объектно-ориентированного программирования. Она представляет собой некоторый граф, вершинами которого являются элементы типа «классификатор», которые связаны различными типами структурных отношений.

Рис.1.1. Информационно-логическая модель системы идентификации показателей радиолокационной наблюдаемости.

В диаграмме классов могут участвовать связи трех разных категорий: зависимость (dependency), обобщение (generalization) и ассоциация (association).

Зависимостью называют связь по применению, когда изменение в спецификации одного класса может повлиять на поведение другого класса, использующего первый класс.

Связью-обобщением называется связь между общей сущностью, называемой суперклассом, или родителем, и более специализированной разновидностью этой сущности, называемой подклассом, или потомком. Обобщения иногда называют связями «is a», имея в виду, что класс-потомок является частным случаем класса-предка. Класс-потомок наследует все атрибуты и операции класса-предка, но в нем могут быть определены дополнительные атрибуты и операции.

Объекты класса-потомка могут использоваться везде, где могут использоваться объекты класса-предка. Это свойство называют полиморфизмом по включению, имея в виду, что объекты потомка можно считать включаемыми во множество объектов класса-предка. Графически обобщения изображаются в виде сплошной линии с большой незакрашенной стрелкой, направленной к суперклассу.

Ассоциацией называется структурная связь, показывающая, что объекты одного класса некоторым образом связаны с объектами другого или того же самого класса.Графически ассоциация изображается в виде линии, соединяющей класс сам с собой или с другими классами.

Как можно заметить из диаграммы классов, главным классом (инициализирующимся по умолчанию) является класс Wave. Соответственно, в конструкторе Wave обрабатываются параметры программы и создаются экземпляры необходимых для работы классов. В нём, к примеру, специализируется экземпляр класса Airy, AttenuationFunction и передаётся далее по интерфейсной ссылке в качестве экземпляра объекта.

Основную математическую логику приложения обеспечивают, соответственно, классы ODESolver и TransEquation. Как можно заметить, между ними присутствует связь один ко многим. Именно эти два класса являются наиболее важными для реализации заложенных на этапе исследования требований к продукту.

Класс Exprement отвечает за идентификацию коэффициентов полиномиальной модели и отображение основной статистики и погрешностей вычисления полиномиальных коэффициентов.

За разработку пользовательского интерфейса отвечает ряд классов (AbstractTableModel, ChartIndexRefraction, TableIR), позволяющих отображать табличные значения, их графическое отображение, результаты расчетов, как в графическом виде, так и в виде цветовых диаграмм.

Литература

1. Фаулер М., Скотт К. UML в кратком изложении. Применение стандартного языка объектного моделирования. М., Мир, 1999.
2. Буч Г., Рамбо Д., Джекобсон А. Язык UML: руководство пользователя. М., ДМК, 2000.

Свечников П.Г.
д.т.н., доцент, проректор по научной работе ЧГАА
Сливчук А.П.
студент 4 курса, факультет заочного обучения, ЧГАА

ПЛОСКОРЕЖУЩАЯ ЛАПА С ПЕРЕМЕННЫМ УГЛОМ РЕЗАНИЯ

Известный древнеримский земледелец и писатель Катон, говоря о качестве обработки почвы, отмечал «...что значит хорошо обрабатывать землю: во-первых – хорошо пахать, во-вторых – пахать, в-третьих – унавоживать...». Этот, выстраданный столетиями, опыт земледельцев Древнего Рима говорит о том, какое огромное значение имело качество обработки почвы для получения хорошего урожая.

При обработке почв, подверженных ветровой эрозии, особенно твердых, пересушенных, почва скалывается большими кусками, образуя так называемые «чемоданы» (рис.1). На таком поле производить посев сельскохозяйственных культур невозможно по причине огромных неровностей обработанного поля. Необходимы дополнительные обработки поля для разрушения «чемоданов» и его выравнивания. Затраты на эти дополнительные технологические операции порой равны затратам на основную обработку почвы.

Рис.1 Поле, обработанное серийными орудиями КПГ.

Основная причина скалывания больших кусков почвы «чемоданов», состоит в том, что рабочие органы культиваторов-плоскорезов-глубокорыхлителей (КПГ), которыми производится основная безотвальная обработка почвы, имеют плоский лемех с постоянным углом резания по его длине (рис.2).

114

Рис.2 Серийные рабочие органы КПГ.

Дополнительным недостатком вышеотмеченных рабочих органов с плоским лемехом является их частое залипание почвой, в результате чего нарушается технологический процесс обработки почвы, возрастает тяговое сопротивление орудия.

Цель выполнения проекта – обоснование параметров плоскорежущих рабочих органов с переменным углом резания, позволяющих качественно обрабатывать почву, особенно твердую пересушенную.

В соответствии с целью данной работы были поставлены и решены следующие задачи исследования:

1. Исследовать возможность улучшения крошения пласта почвы рабочим органом, имеющим форму клина.

2. Обосновать рекомендации по совершенствованию рабочих органов глубокорыхлителя.

3. Произвести экономическую и технологическую оценку мероприятий по совершенствованию рабочих органов культиватора-плоскореза.

Научными исследованиями, проведенными в ЧГАА и других научных учреждениях, было установлено:

1. Каждому конкретному углу постановки рабочей грани клина к дну борозды, в процессе работы, соответствует сколотый кусок почвы определенных размеров, причем размер куска почвы напрямую зависит от угла установки рабочей грани клина к дну борозды (общеизвестно, что в основе всех почвообрабатывающих рабочих органов лежит клин).

2. Сила, движущая почву вверх в процессе работы плоскорежущего рабочего органа с плоским лемехом, уменьшается с уменьшением глубины обработки. Это приводит к залипанию рабочей грани лемеха и как следствие к нарушению технологического процесса и увеличению энергоемкости процесса вспашки. Для того чтобы не было залипания,

необходимо, чтобы рабочая грань клина была выпуклой (переменный угол по высоте клина).

С учетом вышеизложенного были разработаны рабочие органы КПГ с уменьшающимся и увеличивающимся углами резания от носка к пятке лемеха, причем у разработанных рабочих органов рабочая грань лемеха была выпуклой в сторону необработанного поля (рис.3).

Рис.3 Инновационные рабочие органы КПГ с переменным углом резания

Общеизвестно, что крошение почвы пропорционально возникающим напряжениям в ней в процессе обработки. Характер напряжений, возникающих в пласте почвы, при этом, различен. При действии на почву рабочим органом с постоянным углом резания по длине лемеха (серийный рабочий орган) напряженное состояние в пласте возникает от деформации изгиба, а при действии рабочим органом с увеличивающимся углом резания (предлагаемый рабочий орган) – от деформации изгиба и кручения. Таким образом, совокупность разных углов резания по длине лемеха создает условия для внутреннего взаимодействия комочков почвы и не приводит к скалыванию «чемоданов».

Рабочие органы КПГ с увеличивающимся углом резания от носка к пятке лемеха (на носке лемеха угол резания минимальный, а на пятке – максимальный) приводят к кручению почвы, за счет чего ее комочки смещаются к центру рабочего органа, что приводит к сужению развальной борозды. Это положительный момент, так как значительно уменьшается испарение влаги и увеличивается сохранность стерни (Рис.4), что, в конечном счете, максимально сохраняет верхний гумусный плодородный слой почвы и позволяет получать экономический эффект (Таблица 1).

Рис.4 Поле, обработанное рабочими органами КПГ с увеличивающимся углом резания.

Таблица 1. Экономический эффект рабочих органов с переменным углом резания.

Рабочие органы КПГ	Расчетный годовой экономический эффект на 1 га, руб.			
	от снижения уплотнения почвы	от улучшения агро-показателей	от снижения тягового сопротивления	Ито-го
с уменьшающимся углом резания	300	200	-300	200
с увеличивающимся углом резания	300	1000	0	1300

Техническая новизна разработанных рабочих органов КПГ защищена 12 патентами и авторскими свидетельствами (№№ 2195796, 1813316, 1771549, 1722264, 1686300, 1641208, 1616528, 1268120, 1191005, 1165247, 1158060, 1068056).

Рабочий орган КПГ по а.с. № 1068056 был рекомендован МСХ России к внедрению на всей территории РФ.

Существующая технология основной безотвальной обработки пересушенной почвы (в отдельные годы в РФ таких земель бывает до 25...30% от обрабатываемой ежегодно почвы) включает в себя:

– основную безотвальную обработку почвы орудием типа КПГ с серийными рабочими органами на глубину 25...30 см.;

– культивацию и боронование или двойное боронование для разбивания «чемоданов» и выравнивания поверхности почвы (культиваторы и бороны, применяемые для обработки почв, подверженных ветровой эрозии).

Инновационная (предлагаемая) технология включает в себя:

– основную безотвальную обработку почвы орудием типа КПГ с рабочими органами, имеющими переменный угол резания как по длине лемеха, так и по высоте клина.

Инновационная технология основной безотвальной обработки почвы позволяет наполовину сократить затраты на проведение последней, существенно уменьшить уплотнение почвы за счет сокращения в 2...3 раза количества проходов почвообрабатывающих агрегатов по полю, улучшить качество обработки пересушенной почвы.

Как свидетельствуют проведенные производственные испытания, рабочие органы КПГ с переменным углом резания от носка к пятке лемеха и по высоте клина имеют лучшие агротехнические показатели (крошение почвы на 25-30%, уменьшение развальной борозды на 30-35%), чем серийные, что показано в таблице 2.

Таблица 2. Сравнительная характеристика агротехнических показателей серийного и инновационного рабочих органов

Наименования показателей	Г-1 (серийн.)	Г-4в (эксп.)
Марка машины	КПГ - 250	
Скорость движения агрегата, м/с	2,2	
Установочная глубина обработки, см	28,0	
Глубина обработки:		
средняя, см	28,8	28,6
средне-квадратичное отклонение, ±см	2,11	2,12
коэффициент вариации, %	7,38	7,40
Глубина обработки по ходу:		
средняя, см	29,2	28,8
средне-квадратичное отклонение, ±см	1,29	1,30
коэффициент вариации, %	4,32	4,40
Глубина обработки по ширине:		
средняя, см	28,5	28,7
средне-квадратичное отклонение, ±см	1,32	1,31
коэффициент вариации, %	4,60	4,56
Гребнистость поверхности поля, см	9,5	7,2
Сохранение стерни, %	70,2	81,2
Крошение пласта, %	62,7	60,2
Размеры фракций, мм		
свыше 200	10,8	11,0
100...200	14,5	13,2

50...100	12,0	15,6
менее 50	62,7	60,2
Содержание эрозионно-опасных частиц почвы % в слое 0...50 см		
до прохода	39,2	39,2
после прохода	32,2	33,0
Увеличение или уменьшение эрозионно-опасных частиц, ±%	-7	-7,2

При работе инновационных рабочих органов КПГ практически не наблюдалось их залипание почвой, и они менее склонны к образованию в процессе обработки кусков пересушенной почвы более 200 мм в поперечнике.

Акты внедрения свидетельствуют о том, что экономический эффект от внедрения инновационных рабочих органов составляет 200...1300 рублей на 1 га обработанной площади.

Общая стоимость орудия ПГ- 3 с инновационными рабочими органами примерно 70 тысяч рублей. Стоимость одного инновационного рабочего органа (с двумя криволинейными лемехами и постелями) составляет примерно 10-12 тыс. рублей. Прибыль составляет 1300 рублей с 1 га.

Подобные плоскорежущие рабочие органы фирмы «Noble» (Канада), имеющие выпуклые рабочие грани лемехов в сторону необработанного поля, также не залипают почвой в связи с наличием переменного угла резания по высоте клина. Однако они значительно хуже, чем разработанные инновационные рабочие органы КПГ, крошат пласт (на 17...20%) и имеют широкую развальную борозду, чем существенно нарушают агротребования на основную безотвальную обработку почвы.

Предлагаемые инновационные рабочие органы КПГ позволяют в засушливых условиях, которые часто бывают в России, получать стабильные урожаи.

Литература

1. Свечников П.Г. Модернизация почвообрабатывающих рабочих органов на основе исследования процесса их взаимодействия с почвой. – Дисс. на соиск. уч. степ. докт. тех. наук, Челябинск, 2013. – 284с.

2. V. Blednykh, P. Svechnikov. Theoretical Foundations of Tillage, Tillers and Aggregates. – 2014 by Nova Science Publishers, Inc., New York. – P. 174.

3. V. Blednykh, P. Svechnikov. Economic reasons of tillage quality / European science review. – # 7-8, 2014. – P. 103-105.

4. V. Blednykh, P. Svechnikov. Theory of a Tillage Wedge and its Applications. – 2013 Logos Verlag Berlin GmbH, Berlin. – P. 94.

Голубева О.А., Шокина Ю.В., Греков Е.О.
доцент, кандидат технических наук, Мурманский государственный технический университет, г. Мурманск; Kozultazii@yandex.ru,
профессор, доктор технических наук, Мурманский государственный технический университет, г. Мурманск; shokinayuv@mstu.edu.ru,
ассистент, Мурманский государственный технический университет,
г. Мурманск; zhenya-gr@mail.ru.

ПРОИЗВОДСТВО ФАРША ИЗ СКАТА ЗВЁЗДЧАТОГО СПОСОБОМ ЭКСТРУЗИИ

Люди нуждаются в пище постоянно, не зависимо от времени суток и местонахождения. В рационе питания человека должно быть большое число различных продуктов в различных пропорциях, зависящих от множества условий. Одним из таких продуктов является рыба. Рыба – источник множества полезных веществ, например, кальция, белка, аминокислот и т.д. Одно из лидирующих мест по питательным свойствам и пользе для организма человека занимает треска. Все давно уже знают о пользе этой рыбы, но многие даже и не догадываются о существовании рыбы, мясо которой практически идеально близко по своим свойствам и химическому составу к мясу трески. И этой рыбой является скат. В пищевых целях скат используется в нашей стране достаточно редко, хотя мяса ската не только полезно, но и имеет очень приятный вкус. Наравне с различными продуктами, полученными из трески, можно производить и продукты из мяса ската. Мясо ската очень богато различными минералами, аминокислотами и прочими полезными веществами, вдобавок к этому скат не имеет костей, это хрящевая рыба, а, соответственно, его хрящи можно использовать в пищевой индустрии очень широко, вследствие большого содержания кальция и некоторых других полезных веществ. Из такой полезной рыбы, как скат можно производить большое количество продуктов.

Одним из способов технологической переработки ската может являться экструзия. На кафедре «Технологическое и холодильное оборудование» Мурманского государственного технического университета разработана установка для измельчения пищевого сырья с помощью экструзии [2,1].

Установка представляет собой экструдер поршневого типа с охлаждаемыми рабочими органами, состоит из основной рабочей части 1, установленной на опорной плите 4. Движение поршня в рабочем цилиндре осуществляется гидравлической системой 2, установленной на раме 3. Основная рабочая часть состоит из рабочего цилиндра с поршнем и измельчающей матрицы. Из основных технических характеристик можно выделить отношение хода поршня к диаметру s/d = 2,3 и вместимость рабочей камеры от 200 до 250 г в зависимости от вида сырья. Общий вид установки представлен на рисунке 1 [1,61].

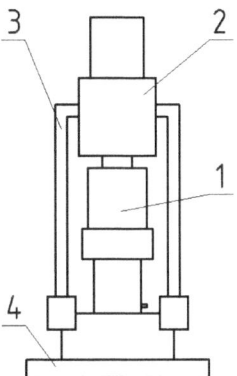

Рисунок 1 – Общий вид установки.

Установка позволяет измельчать сырье, как при положительных, так и при требуемых отрицательных температурах и поэтому имеет очень широкую область применения. Измельчение осуществляется путем прессования сырья или полуфабриката через формующие отверстия матрицы. В ходе эксперимента измеряются – давление прессования, время процесса, температуры: исходного сырья, получаемого продукта, рабочих органов, масса исходного продукта, масса отходов, температура воздуха в лаборатории.

В качестве исследуемого сырья были выбраны крылья ската звёздчатого мороженые с кожей, крылья ската звёздчатого дефростированные с кожей и мясо крыльев ската звёздчатого бланшированное.

Предварительно проведенные эксперименты позволили определить форму отверстий матрицы. Для проведения экспериментальных исследований предложены матрицы с отверстиями типов: «конус», «конус-цилиндр» и «конус-конус», называемое иначе типа «песочные часы». От матрицы с цилиндрическими отверстиями пришлось отказаться из-за значительного сопротивления боковой поверхности отверстия движению измельчаемого сырья.

Произведенный микробиологический анализ продукта, полученного указанным способом, показал, что измельчённое сырье многокомпонентно, вариабельно по составу и свойствам. Это приводит к значительным колебаниям в качестве готовой продукции. В связи с этим важное значение приобретает информация о функционально-технологических свойствах (ФТС) различных видов основного сырья и его компонентов, влиянии вспомогательных материалов и внешних факторов на характер их изменения.

Под функционально-технологическими свойствами (ФТС) мясного сырья понимают совокупность показателей, характеризующих уровни эмульгирующей, водосвязывающей, жиро-,водопоглощающей и гелеобразующей способностей, структурно-механические свойства (липкость, вязкость, пластичность и т.д.), сенсорные характеристики (цвет, вкус, запах), величину выхода и потерь при термообработке различных видов сырья и мясных систем. Перечисленные показатели имеют приоритетное значение при определении степени приемлемости мяса для производства пищевых продуктов. Целесообразно распространить эти же показатели на характеристику ФТС рыбных фаршей.

Рыбные фарши, как и мясные – сложная гетерогенная система, функциональные свойства которой зависят от соотношения тканей, содержания в них специфических белков, жиров, воды, морфологических компонентов.

В составе мяса рыбы мышечная ткань оказывает значительное влияние на ФТС, так как состоит из комплекса белков, имеющих структурные отличия. В аспекте функциональных свойств при получении фаршей из мяса рыб совокупность мышечных белков ответственна за эффективность образования мясных эмульсий. Количественное содержание белка в системе, его качественный состав, условия среды предопределяют степень стабильности получаемых мясных систем, влияют на уровень водосвязывающей (ВСС), жироудерживающей (ЖУС) и эмульгирующей (ЭС) способности, структурно-механические и органолептические характеристики.

Изучение ФТС рыбного фарша, полученного из бланшированного мяса ската звездчатого инновационным способом экструзии на поршневом экструдере (диаметр отверстия 7 мм тип отверстия «конус-цилиндр» представляет большой практический интерес, так как позволит установить пригодность полуфабриката для изготовления широкого ассортимента рыбной кулинарной и формованной продукции.

Таблица 1 – Функционально-технологические свойства фарша из ската звездчатого, полученного способом экструзии на поршневом экструдере (диаметр отверстия 7 мм тип отверстия «конус-цилиндр»)

Характеристика сырья, из которого получен фарш	Показатель ФТС			
	ВСС		ЭС, %	СЭ, %
	массовая доля связанной влаги в рыбном фарше, % к массе рыбного фарша	массовая доля связанной влаги в рыбном фарше, % к массе навески рыбного фарша		
Крылья ската мороженые с кожей	69,87	88,45	59,25	32,87

Крылья ската дефростированные с кожей	73,38	92,99	30,56	25,00
Мясо крыльев ската бланшированное	73,47	95,29	55,56	30,56

Данные таблицы 1 свидетельствуют о том, что ВСС фарша нарастает в последовательности: фарш из замороженных крыльев ската → фарш из дефростированных крыльев ската → фарш из бланшированных крыльев ската.

Эмульгирующая способность и стойкость эмульсии также максимальны у фарша из бланшированных крыльев ската, что позволяет рассматривать его как прекрасное сырье для производства формованных рыбных продуктов с функциональными свойствами, благодаря высокому содержанию в мясе ската звездчатого хондроитинсульфата.

Установленные зависимости ФТС фарша мяса ската, полученного инновационным способом экструзии на поршневом экструдере (диаметр отверстия 7 мм тип отверстия «конус-цилиндр» позволяют рассматривать и способ получения фарша и сам фарш в качестве полуфабриката для производства широкого ассортимента не только рыбомучных кулинарных продуктов с фаршевой начинкой, но и формованных кулинарных продуктов с функциональными свойствами.

Общий химический состав и ФТС фарша из бланшированного мяса ската звездчатого изучали путем экспериментального определения показателей ВСС, ВУС, ЖУС, ЭС и показателя стабильности эмульсии (СЭ). Результаты эксперимента приведены в таблице 2.

Таблица 2 – Общий химический состав фарша из ската звездчатого, полученного способом экструзии на поршневом экструдере (диаметр отверстия 7 мм тип отверстия «конус-цилиндр»

Образец	Содержание[2], г в 100 г фарша (%)					
	Вода	Жир	Зола	ОА	НБА	Белок[1]
1	2	3	4	5	6	7
Фарш из замороженных крыльев ската звездчатого	78,99±5,23	5,57	1,09±0,09	3,71	0,649	19,13
Фарш из дефростированных крыльев ската звездчатого	78,91±0,73	3,73	0,92±0,20	3,71	0,663	19,04

Фарш из бланшированных крыльев ската звездчатого	77,10±3,54	1,68	0,60±0,13	3,38	0,602	17,36

Примечания:
[1]массовая доля белка получена умножением показателя (ОА-НБА) на коэффициент 6,25;

[2]превышение суммарного содержания компонентов фарша над величиной 100 г объясняется погрешностью эксперимента (при определении массовой доли жира), полученные данные по содержанию жира в фарше из замороженного и дефростированного полуфабриката отличаются от литературных данных для ската звездчатого в большую сторону.

Литература:

1.Голубева О. А, Новикова Е.С., Саенков А.С. Экструзия как альтернатива дефростации. -Сборник научных трудов по материалам международной научно-практической конференции «Перспективные инновации в науке, образовании, производстве и транспорте '2009» (Одесса, 15-30 июня 2009г.). Том I. Транспорт, Технические науки. – Одесса: Черноморье, 2009. – с. 60- 62.

2. Рогулев А.И., Голубева О.А. Способ измельчения биологических продуктов. Патент Российской Федерации RU 2031583 С1 от 27.03.95 бюл. № 9.

Кутузова Э.Р.[1], Тазюков Ф.Х.[2]

соискатель каф. ТМиСМ, КНИТУ[1]; д.т.н, профессор каф. ТМиСм КНИТУ[2]

elvira.kutuzova@list.ru[1]

ТЕЧЕНИЕ ВЯЗКОУПРУГОЙ ЖИДКОСТИ МОДЕЛИ FENE-P В НЕСИММЕТРИЧНОМ КАНАЛЕ С СУЖЕНИЕМ 4:1

В данной статье рассматривается течение вязкоупругой жидкости модели FENE-P в несимметричном канале 4:1 плоского сужения с двумя вариантами смещения выходной части: смещение относительно оси на половину ширины канала и смещение относительно оси на половину канала.

Математическая постановка задачи

Нестационарное течение неньютоновских жидкостей описываются уравнениями движения и неразрывности:

$$\rho\left(\frac{\partial\vec{u}}{\partial t}+\vec{u}\cdot\vec{\nabla}\vec{u}\right)=-\vec{\nabla}p+\vec{\nabla}\cdot\tilde{\tau} \text{ и } \vec{\nabla}\cdot\vec{u}=0,$$

где ρ – плотность жидкости, $\vec{u}$ - вектор скорости, p - давление, $\tilde{\tau}$ - девиатор напряжения.

В соответствии с принципом расщепления напряжений девиатор напряжения представляется как совокупность неньютоновской $\tilde{\tau}^{p}$ и ньютоновской $\tilde{\tau}^{n}$ составляющих:

$$\tilde{\tau}=\tilde{\tau}^{n}+\tilde{\tau}^{p}$$

$$\tilde{\tau}^{p}=\frac{\eta_{1}}{\lambda}\left[\frac{\tilde{A}}{1-(\operatorname{tr}\tilde{A})/(3L^{2})}-\frac{1}{1-1/L^{2}}\right], \tilde{\tau}^{n}=2\eta_{2}\tilde{D}$$

С помощью процедуры приведения к характерным масштабам, уравнения движения и неразрывности можно представить в безразмерном виде, куда входят числа Рейнольдса, Вайссенберга и коэффициент ретардации[1, 97-102]: $Re=\frac{\rho UL}{\eta}$, $We=\frac{\lambda U}{L}$, $\beta=\frac{\eta_{2}}{\eta_{1}-\eta_{2}}$

Для расчетов используется неравномерная сетка со сгущением в области сужения канала.

Расчеты проводились для значений Re<<1, We=0.01÷350, β=1/9 с помощью метода контрольных объемов на неравномерной сетке со сгущением вблизи острой кромки канала 300:1 в программном комплексе OpenFoam.

Область течения

Моделирование течения неньютоновской жидкости проводилось для следующих каналов (рис. 1): 1) сужение со смещением относительно оси канала на половину ширины H_{2}; 2) сужение со смещением относительно оси канала на ширину H_{2} ;

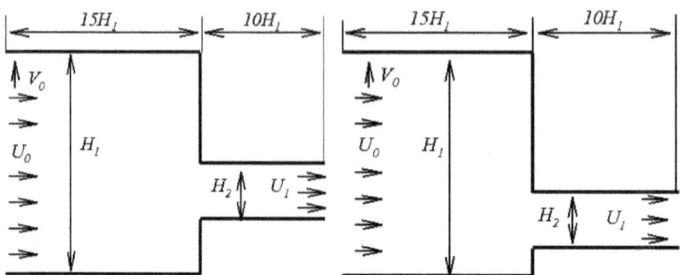

Рис. 1 - Схема канала со смещением относительно оси канала на половину ширины H₂ и на ширину H₂ соответственно. Сужение 4:1

Граничные условия

На входе в канал задаются следующие условия: $u=U_0=const, v=V_0=0$

Длина широкой части канала принимается равной $15H_1$, где H_1-высота входной части канала, для обеспечения формирования установившегося профиля скорости.

На выходе из канала: $\frac{\partial u}{\partial x} = 0$, $v = 0$

Длина узкой части канала принимается равной $10H_1$ – для обеспечения установления течения.

На твердых стенках канала задается условие прилипания: $u = 0, v = 0$

В качестве начальных условий принимается равенство нулю скоростей во всей области за исключением входного течения.

Результаты

Для симметричного случая для упруговязкой жидкости модели FENE-P был обнаружен эффект образования lip vortex как в верхней, так и в нижней части канала. При дальнейшем увеличении упругости, течение жидкости продолжает быть симметричным: при объединении lip vortex и углового течения, при совместном вращении, при отделении lip vortex и полном исчезновении последнего[2, 117-119].

Для несимметричного канала течение жидкости теряет симметричность. На рис. 2 представлены контуры линий тока для ньютоновской и неньютоновской жидкостей для канала со смещением на половину ширины узкой части канала.

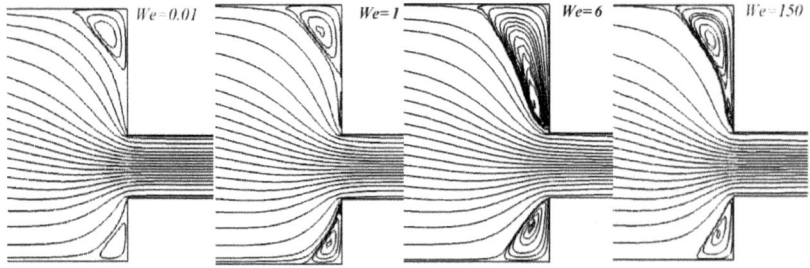

Рис. 2 – Контуры линий тока для смещения на половину ширины узкой части канала

Течение ньютоновской жидкости (We=0.01) предсказывает возникновение только углового циркуляционного течения. Такое поведение характерно как для симметричного, так и для несимметричного случая. Для сужения на половину ширины узкой части канала наблюдается следующая картина: в верхней части канала при значении числа We=1 возникает lip vortex. С увеличением значения числа We lip vortex развивается и при We=5 поглощает угловое течение. Для достаточно широкого диапазона значений числа We (от 5 до 100) оба циркуляционных течения вращаются совместно. А при достижении We=100 начинается процесс отделения lip vortex от углового течения: присутствует одна циркуляционная зона с двумя центрами вращения. Далее происходит выделение lip vortex вплоть до исчезновения.

В то время как в нижней части канала кроме углового циркуляционного течения других эффектов не наблюдается. Это объясняется достаточно малыми геометрическими размерами нижней части канала.

Смещение выходной части канала на его ширину уменьшает нижнюю угловую зону, следовательно, и образования lip vortex не будет. Зато увеличение верхней угловой зоны приводит к тому, что эффект образования и отделения lip vortex проходит в своем развитии те же стадии, что при сужении на половину ширины узкой части канала, но при меньших значениях упругости.

Таким образом, для сужения 4:1 можно выделить следующие характерные черты течения неньютоновской жидкости:

- вне зависимости от смещения сужения в нижней части канала существует только угловое течение;
- в верхней части канала для обоих смещений сужения канала наблюдается эффект возникновения, развития и отделения течения lip vortex от углового циркуляционного течения.

Литература

1. Ф.Х. Тазюков, Ф.А. Гарифуллин, Э.Р. Кутузова, Вестник Казанского технологического университета,17, 16 (2014)
2. Э.Р. Кутузова, Н.А. Halaf, С.А. Кутузов, IX Школа-семинар молодых ученых и специалистов академика РАН В.Е. Алемасова, Проблемы тепломассообмена и гидродинамики в энергомашиностроении (Казань, Россия, Сентябрь 10-12, 2014), Академэнерго, Казань, 2014.

Гныря А.И.

профессор, доктор технических наук, ФГБОУ ВПО ТГАСУ

Коробков С.В.

доцент, кандидат технических наук, ФГБОУ ВПО ТГАСУ

Мокшин Д.И.

ассистент кафедры ТСП, ФГБОУ ВПО ТГАСУ

Аношкина О.О.

аспирант 1-го года обучения, ФГБОУ ВПО ТГАСУ

Михайлова С.М.

магистрант 2-го года обучения, ФГБОУ ВПО ТГАСУ

Мокшин Р.И.

студент 2-го года обучения, ФГБОУ ВПО ТГАСУ

ЛОКАЛЬНЫЙ ТЕПЛООБМЕН ПО ВЫСОТЕ ТАНДЕМА МОДЕЛЕЙ ЗДАНИЙ ПРИ САМЫХ МАЛЫХ РАССТОЯНИЯХ МЕЖДУ НИМИ И ВАРИАЦИИ ИХ РАСПОЛОЖЕНИЯ

Исследования выполнены при финансовой поддержке работ по гранту РФФИ (проект №13-08-00505а)

Энергоресурсосбережение является одной из наиболее серьезных задач XXI века. Требуемые для развития энергоресурсы можно получить не только за счет увеличения добычи сырья в труднодоступных районах и строительства новых энергообъектов, но и уменьшением затрат за счёт энергосбережения. Одним из актуальных направлений энергосбережения является разработка норм теплопотребления производственными и жилыми зданиями и сооружениями.

В настоящее время разработанные нормы [1–3] не учитывают размещение здания (ландшафтные особенности, присутствие соседних зданий и т.д.), особенности климата (реальную температуру окружающего воздуха, направление ветра, влияние солнечного излучения и т.д.), особенности изменения температуры в течение суток.

Поэтому целью экспериментальных исследований таких, например как [4–7] является получение закономерностей процессов турбулентного переноса от изделий прямоугольной формы, которые моделируют отдельно стоящие здания, или же группы сооружений, взаимно влияющих друг на друга. Наиболее простой ситуацией является тандем зданий, но и в этом случае возможен большой вариант условий их расположения относительно друг друга, а также по отношению к направлению ветра. В имеющихся экспериментально-теоретических работах данного направления [4–7] решен ряд частных задач, который не в состоянии описать весь спектр возможных воздействий отрывных потоков, формируемыми различными гранями. Конечной целью подобных исследование является разработка технически обоснованных норм на тепловые потери через ограждающие конструкции. Для этого необходимо было создать физические модели зданий и сооружений и провести ряд экспериментов в аэродинамических трубах.

Основным предметом данного исследования является опытное изучение локального коэффициента теплоотдачи ряда из двух моделей зданий и сооружений призматической формы при изменении расстояния между ними в поперечном направлении относительно направления движения воздушного потока $L2/a$ (рисунок 1).

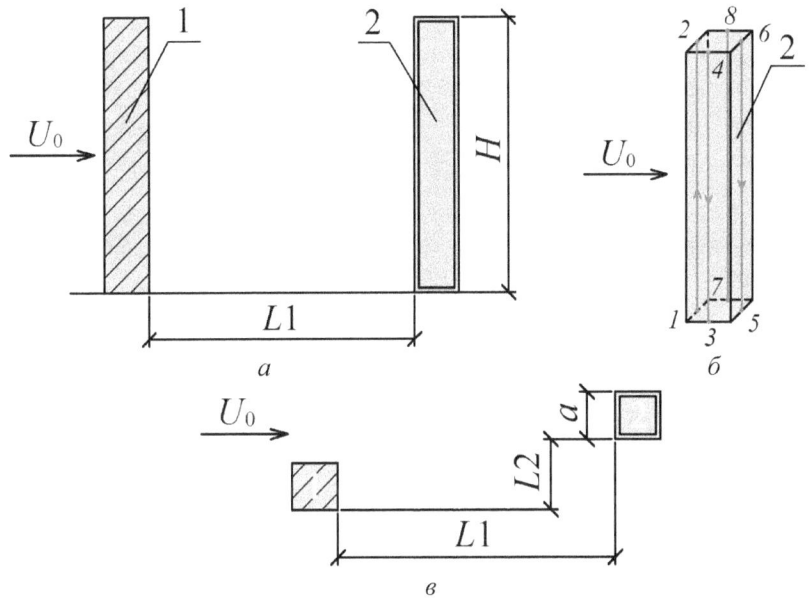

Рисунок 1 – Схема расположения исследуемой модели 2
относительно модели 1:
а – общий вид экспериментальной модели; *б* – вертикальные сечения;
в – схема расположения моделей при поперечном смещении $L2/a$

В опытах использовались две идентичные модели сечением 50×50 мм и высотой 300 мм: передняя была без нагрева, позади нее – с нагревом. Все эксперименты проводились при одном числе Рейнольдса $Re = 4{,}25 \cdot 10^4$ (скорость воздушного потока $U_0 = 14$ м/с) и угле атаки воздушного потока $\varphi = 0°$.

Эксперименты проводились при следующих калибрах: $L2/a = 0$; 0,5; 1,0; 1,5; 2,0 и $L1/a = 0{,}25$. Методика проведения и обработки результатов измерений описаны в работе [8].

На рисунке 2 представлен график распределения локального коэффициента теплообмена по высоте модели 2 при расстоянии между призмами $L1/a = 0{,}5$ и их смещении на $L2/a$ от 0 до 2,0 с интервалом 0,5, $Re = 4{,}25 \cdot 10^4$, $\varphi = 0°$. Для сопоставления результатов использовались данные для отдельно стоящей призмы, и в этом случае $L2/a \to \infty$ и $L1/a \to \infty$.

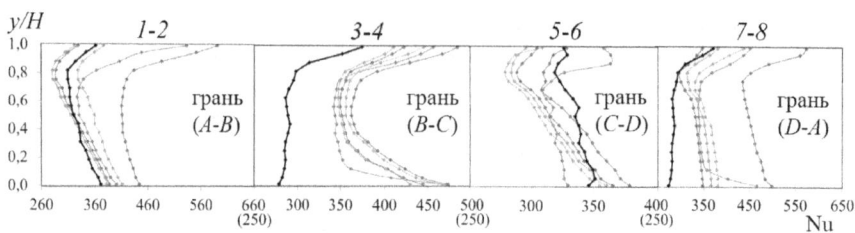

Рисунок 2 – График распределения локального коэффициента теплоотдачи по высоте модели 2 при $L1/a = 0,5$, $\varphi = 0°$, $Re = 4,25 \cdot 10^4$, $L2/a = 0,0 \div 2,0$:
$\blacklozenge - L2/a = 0,0$, $\blacklozenge - L2/a = 0,5$, $\blacklozenge - L2/a = 1,0$,
$\blacklozenge - L2/a = 1,5$, $\blacklozenge - L2/a = 2,0$, $\blacklozenge - \infty$.

При самых коротких расстояниях между моделями $L1/a = 0,5$ и $L2/a = 0,5$ (рисунок 2) на лобовой грани ($A–B$) наблюдается возрастание локальных коэффициентов теплоотдачи в верхней ее части (от $0,7y/H$ и выше), на этом участке происходит увеличение теплообмена до 32 %, что выше, чем при $L2/a = 0,0$. Это связано с усилением отрывного течения, действующего на верхнюю часть грани, и степенью влияния вихреобразований между моделями 1 и 2. При увеличении смещения $L2/a$ от 0,5 до 2,0 происходит снижение влияния этих сил, а также локальных коэффициентов теплообмена, грань постепенно выходит из следа модели 1.

При этих же условиях на боковой грани ($B–C$) происходит незначительное увеличение теплообмена. Минимальный коэффициент теплоотдачи смещается к центру грани на $0,5y/H$. В основании призмы и в верхней ее части также наблюдается увеличение значений теплообмена до 10 % по сравнению с данными при $L2/a = 0,0$. Эта грань находится в зоне действия первичного отрывного течения. При дальнейшем увеличении смещения на $L2/a = 0,5 \div 2,0$ распределение локальных коэффициентов теплообмена практически не изменяется (менее 8 %).

По высоте боковой грани ($C–D$) график распределения теплообмена приобретает черты грани ($A–B$) отдельно стоящей модели, где минимальное значение локального коэффициента теплоотдачи находится на $0,8y/H$, а максимальное – на $0,01y/H$. На грань ($C–D$) в основном действует только сводообразный вихрь от модели 2, поэтому теплообмен слабо изменяется при всех калибрах смещения $L2/a$ (менее 13 %). Прослеживается незначительное увеличение теплообмена в основании грани и его снижение в верхней ее части по сравнению с результатами при $L2/a = 0,0$.

Боковая грань ($D–A$) подвержена максимальному влиянию отрывных течений и вихреобразований между моделями 1 и 2. При смещении на $L2/a = 0,5$ локальный теплообмен возрастает до 35 % по сравнению с данными при $L2/a = 0,0$. При увеличении $L2/a$ от 0,5 до 2,0 интенсивность теплообмена снижается, и распределение приобретает черты грани ($D–A$) отдельно стоящей модели.

Механизм снижения теплообмена при увеличении расстояния между призмами $L2/a$, как свидетельствуют визуализационные картины наблюдения [9], объясняется тем, что позади стоящая модель выходит из аэродинамического следа впередистоящей модели, снижается воздействие отрывных течений и вихреобразования, что приводит к уменьшению значений коэффициентов теплообмена, при этом картина обтекания приближается к отдельно стоящей призме.

В ходе экспериментов было обнаружено наличие сильной интенсификации локальных коэффициентов теплообмена при изменении расстояния $L2/a$ между моделями.

Полученные данные по локальной и средней теплоотдаче для призм при вариации расстояния между ними ($L2/a$) позволяют оценить величины тепловых потерь, а также тепловое состояние зданий и сооружений призматической формы с соотношением сторон $H/a = 6,0$.

Литература

1. СНиП 23.02.2003. Тепловая защита зданий / Госстрой России. –М.: Стройиздат, 2011. –81 с.

2. СП 23-101-2004 Проектирование тепловой защиты зданий / Госстрой России. - М.: Стройиздат, 2004. –144 с.

3. ТСН 23-316-2000 Тепловая защита жилых и общественных зданий. Томская область / Госстрой России. –М.: Стройиздат, 2000. –23 с.

4. Meinders E.R., Van Der Meer T.H, Hanjalic K. Local convective heat transfer from an array of wall-mounted cubes // Int. J. Heat Mass Transfer. –1997. –Pp. 335–346.

5. Meinders E.R., Hanjalic K. Vortex structure and heat transfer in turbulent flow over a wall-mounted matrix of cubes // Int. J Heat Mass Transfer. –1999. –Pp. 255–267.

6. Meinders E.R., Hanjalic K. Experimental study of the convective heat transfer from in-line and staggered configurations of two wall-mounted cubes // Int. J. Heat Mass Transfer. –2002. –Pp. 465–482.

7. Терехов В.И., Гныря А.И., Коробков С.В. Структура течения и теплообмен от одиночного куба, расположенного на поверхности при различных углах атаки // Теплофизика и аэромеханика. –2010. –Т.17. –№4. –С. 521–533.

8. Мокшин Д.И. Методика проведения и обработки экспериментов по исследованию локальной и средней теплоотдачи зданий и сооружений / Д.И. Мокшин, С.В. Коробков // Наука и современность. –2014. – № 31. –С. 112–122.

9. Мокшин Д.И. Исследование структуры течения воздушного потока ряда квадратных призм при смещении одной из моделей от продольной оси канала / Д.И. Мокшин, С.В. Коробков // Фундаментальные и прикладные исследования: проблемы и результаты. –2014. –№ 13. –С. 202–208.

Харичева Д.Л.

доктор технических наук, доцент, Московский педагогический государственный университет (МПГУ)

ИССЛЕДОВАНИЕ ЗОНЫ КЕРАМИКА–МЕТАЛЛ КОНУСНОГО СОЕДИНЕНИЯ, ПОЛУЧЕННОГО ЛАЗЕРНОЙ ПАЙКОЙ

Исследования режимов лазерной пайки вакуумплотных узлов показали, что существует зависимость вакуумной плотности металлокерамического соединения от температурного режима пайки [1, 2]. Были выделены режимы, при которых вакуумная плотность устойчиво сохраняется [3]. При нагреве выше 900К в керамике могут произойти структурные перестройки, ухудшающие ее механические свойства. Поэтому необходимо исследовать, изменения свойств соединяемых конструкционных материалов в переходной зоне керамика–металл

В зоне неплотного контакта медь-ковар (сплав 29НК) при механическом соединении деталей могут возникать возникают упругие напряжения. Оценка напряжений при выбранных прижимных усилиях дает величины порядка 15 МПа, что на два порядка ниже предела прочности ковара, однако возникающие напряжения могут привести к развитию имеющихся микротрещин. При нагреве в этой же зоне будут возникать и высокие термонапряжения. Связано это с тем, что температура расплавленной меди стабильна, а температура ковара растет при нагревании. В тонком слое образуется скачок температуры, который приводит к появлению термонапряжений. Оценка напряжений в этом случае дает величину порядка 300 МПа, что также ниже предела прочности соединения, но может спровоцировать развитие микротрещин.

Второй зоной, где могут возникать напряжения, является зона контакта керамика-хром (титан). Здесь причиной возникновения напряжений является разница между коэффициентами линейного расширения керамики и металла. Напряжения возникают при остывании детали. Оценка сверху напряжений в месте контакта с керамикой для хрома дает величину $\sigma_{\theta H} \approx \sigma_{zH} \approx 200 MPa$. Следовательно, хромовый слой имеет тангенциальное и осевое растягивающее напряжение. Предел прочности на растяжение для хрома составляет $\sigma_{np.} = 410 MPa$, т. е. напряжения достигают половины предела прочности соединения.

Экспериментальные исследования переходной зоны металлокерамических соединений, полученных методомлазерной пайки проводились на базе Института прикладной механики РАН. Для исследования структуры поверхности использовался трехмерно отображающий анализатор структуры поверхности Zygo NewView 5022.

Управление микроскопом, визуализация и обработка данных осуществлялось средствами программы MetroPro. Глубина сканирования варьировалась от 2 до 150 мкм и определялась опытным путем в зависимости от структуры поверхности, а площадь сканирования – в зависимости от используемого объектива.

Получение изображений на большой площади образца производилось путем последовательного сканирования отдельных фрагментов и обработки с помощью прииложения MetroPro Stitch application.

В результате проведенных исследований были получены изображения переходных зон металлокерамического соединения, полученного при следующих технологических параметрах: мощность – 55 Вт, касательная скорость – 0,75 мм/с, фокальное расстояние – 75 мм, прижимное усилие – 250 Н.

На фотографии переходной зоны керамика–металл видно, что слой керамики возвышается над уровнем среза, слой меди расположен ниже (рис. 1). Граница керамика-припой четкая, ровная. Граница припой-металл нечеткая, размытая. На фотографии не прослеживается дефектов спая при 100-кратном увеличении. Места неплотного прилегания отсутствуют.

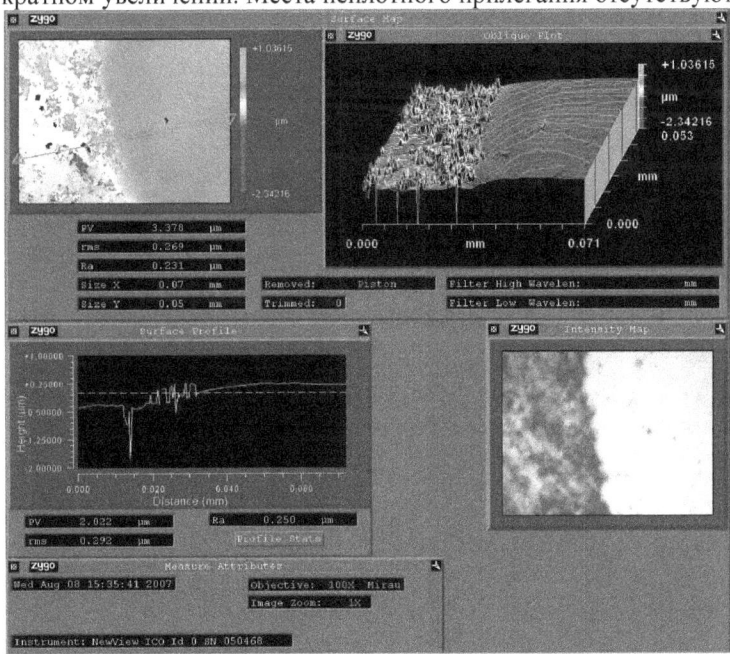

Рис. 1. Объектив 100х: граница керамика–припой

Для наглядного представления места спая керамики с металлом строилось трехмерное изображение сканируемого участка (рис. 2).

На представленных рисунках изображений переходной зоны металлокерамического соединения при различных увеличениях и местах сканирования зонда не наблюдается трещин и не пропаянных областей. Обнаружено плотное прилегание слоев припоя (меди) к керамике и металлу, что может характеризовать данные узлы как прочные.

Из всего сказанного следует, что припой на границе ковар-медь обладает наименьшей прочностью, легко сошлифовывается при получении аншлифов. Вдоль границы на рисунках видна четкая вдавленная полоса. Можно предположить, что именно этот участок может давать недостаточную вакуумную плотность металлокерамического соединения, несмотря на отсутствие видимых дефектов в виде каверн при лазерной пайке.

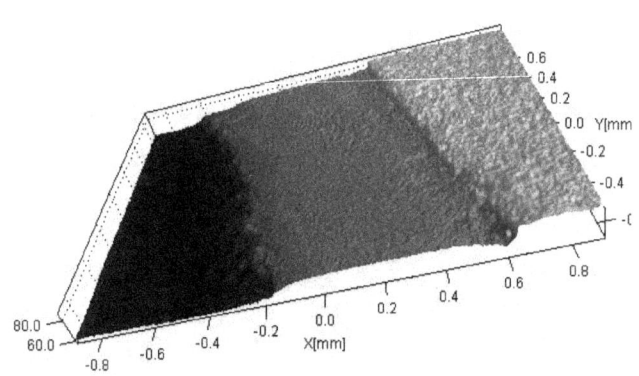

Рис.2. Граница металл – припой – керамика

Поэтому необходимо выдерживать температурный режим при лазерном воздействии на металл и четко контролировать зону движения лазерного луча.

Литература

1. Харичева Д.Л., Швайка Д.С. Теплофизические процессы при лазерной пайке керамики с металлом. – Благовещенск: Амурский государственный университет (АмГУ), 2000. 157 с.

2. Харичева Д.Л. Физические основы и практическое применение лазерной пайки металла с керамикой. // Автореферат на соискание ученой степени докт. техн. наук. — Благовещенск: АмГУ, 2006. 68 с.

3. Виноградов Б.А., Харичева Д.Л., Мещерякова Г.П. Действие лазерного излучения на керамические материалы: Научные основы и прикладные задачи. – СПб.: Наука, 2009. 407 с.

Меленевская Я.В., Дзюба Т.В.
Университет экономики и права «КРОК», г. Киев

МОДЕЛЬ ВЗАИМОСВЯЗИ ПРОЦЕССОВ УПРАВЛЕНИЯ ЗНАНИЯМИ, УПРАВЛЕНИЯ РИСКАМИ И УПРАВЛЕНИЯ ЦЕННОСТЬЮ В ПРОЕКТАХ

Современная методология управления проектами и программами требует концентрации на изучении взаимного влияния и, соответственно, связей между такими важными процессами проекта как процессы управления ценностью, управления рисками и управления знаниями, как всеобъемлющей базы данных предыдущих, текущих и основы для будущих проектов.

Проведений анализ существующих моделей процессов управления ценностью, управления знаниями и управления рисками [2, 1] дал возможность определить следующее.

Во-первых, эффективное управление проектами в современных условиях невозможно без управления в условиях неопределенности, то есть использования концепции управления рисками в проектном менеджменте.

Во-вторых, основным результатом проекта является создание сбалансированной ценности, как результата реализации проекта. Таким образом, процессы управления ценностью также являются предметом пристального внимания специалистов по управлению проектами.

В-третьих, на первый план на фоне общей методологии управления проектами выходят процессы управления знаниями как необходимое условие и составляющая успешной реализации проекта.

Исходя из вышеизложенного, важно создать эффективную модель управления основными процессами управления проектами как систему для организации информации, пригодной для мгновенного использования.

За основу предлагается принять базовую модель взаимосвязи процессов управления ценностью, управления рисками и управления знаниями в проектах, приведенную на рисунке 1.

Приведем некоторые пояснения к модели.

УЗ – процессы управления знаниями

УЦ – процессы управления ценностью

УР – процессы управления рисками

Каждый из пятиугольников отражает содержание соответствующих процессов.

Процессы управления знаниями имеют спиральную схему развития и включают пять составляющих:

1. Обмен персонифицированными знаниями

2. Создание концепции

3. Понимание концепции и ее выбор

4. Построение архетипа

5. Распространение знаний и создание новых

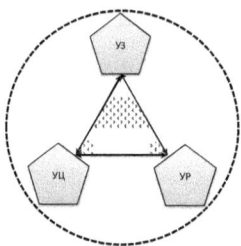

Рис. 1. Базовая модель взаимосвязи процессов управления ценностью, управления рисками и управления знаниями в проектах

Процессы управления ценностью и создания сбалансированной ценности, согласно стандартам Р2М [1, 186], очерчены концепцией 5 «Е» и 2 «А» (англ).

1. Эффективность

2. Добавленная стоимость

3. Прибыльность

4. Экология

5. Этика

Дополнительными процессами в составе процессов управления сбалансированной ценностью являются измеримость и приемлемость.

Процессы управления рисками включают следующие:

1. Формулирование политики

2. Идентификация риска

3. Анализ и оценка рисков проекта

4. Подготовка контрмер противодействия рискам

5. Осуществление контрмер противодействия рискам

Объединяющим процессом является учет и мониторинг внедрения контрмер противодействия рискам.

Отдельного раздела, посвященного процессам управления знаниями, современные методологии управления проектами не содержат, но некоторые ссылки встречаем в РМВОК и много в Р2М.

Методология Р2М подчеркивает важность управления знаниями в проектно-ориентованных компаниях для процессов идентификации рисков, а также разработки и использования всей системы мер для противодействия рискам.

Также в качестве подраздела в разделе процессов управления ценностью в Р2М выделено создание корпоративных баз знаний как основы для обеспечения формирования и достижения сбалансированной ценности проекта.

В качестве обобщения персонифицированных знаний, корпоративных знаний компании, информация обо всех этапах внедрения проекта или программы в организации, а также основы для общения с внешней средой, корпоративная база знаний является необходимым условием.

Основной задачей проектного менеджера является максимизация результата всех трех процессов: управления знаниями, управления ценностью и управления рисками. Взаимосвязь этих процессов обеспечит максимизацию эффективности реализации проекта (рис. 2).

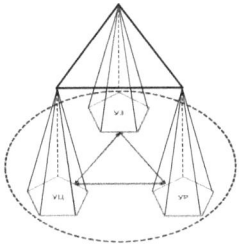

Рис. 2. Модель результата взаимосвязи процессов управления знаниями, управления рисками и управления ценностью в проектах

Такой подход позволяет планировать результативность проекта на начальных этапах работы над ним, что, несомненно, является ценным практическим результатом применения описанной модели.

Литература:

1. A Guidebook of Project & Program Management for Enterprise Innovation. – PMAJ. – [Электронный ресурс.] – Режим доступа: http://www.pmaj.or.jp/ENG/index.htm.
2. Меленівська Я.В. Управління знаннями як джерело створення цінності в проектах за стандартами Р2М / Меленівська Я.В., Лепський В.В. // Тези доповідей IX міжнародної конференції «Управління проектами у розвитку суспільства». // Відповідальний за випуск С.Д. Бушуєв, -К.:КНУБА, 2014.- 260 с. – с. 117-118.

Гаврильева А.А.[1], Данилова С.Д.[2]
аспирант 2-го года обучения, студент
ФГАОУ ВПО "Северо-Восточный федеральный университет
им. М.К. Аммосова"
enslaver_alina@mail.ru

МАТЕРИАЛЫ НА ОСНОВЕ СВЕРХВЫСОКОМОЛЕКУЛЯРНОГО ПОЛИЭТИЛЕНА И БАЗАЛЬТОВОГО ВОЛОКНА

Введение

Среди современных материалов наиболее полно отвечающими требованиям эксплуатации тяжелонагруженных систем и соотношением цена-качество являются полимерные композиционные материалы (ПКМ). Актуальность создания новых рецептур ПКМ и способов их получения обусловлена необходимостью разработки морозо- и износостойких материалов для оптимальной работы горнодобывающей промышленности и транспортных средств. Применение их в узлах трения техники позволит решить проблему повышения работоспособности деталей (подшипников, втулок, муфт, шестерен, звездочек и т.д.). Кроме того, ПКМ обеспечат экономию металлов и сплавов, повысят ресурс деталей [1,60; 2, 3411-3420].

Сверхвысокомолекулярный полиэтилен (СВМПЭ) обладает низком коэффициентом трения, повышенной прочностью, химической стойкостью и стойкостью к растрескиванию, что предполагает его использование в качестве матрицы для изготовления высокопрочностных технических изделий [3, 54 – 55]. При этом СВМПЭ имеет существенный недостаток - низкий показатель текучести расплава, обусловленный высокой длиной полимерной цепи СВМПЭ, что затрудняет его переработку. Одной из основных проблем применения изделий СВМПЭ являются интенсивные окислительные процессы, протекающие при трении композитов на его основе. Для устранения этих недостатков вводят специальные модификаторы и наполнители [4].

Методики и объекты исследования

Объектами исследования являются СВМПЭ фирмы Ticona (GUR-4130), и композиты на его основе, армированные базальтовым волоком (БВ). Композиты получали по стандартной технологии переработки СВМПЭ.

Исследованы две технологии совмещения компонентов ПКМ: механическая активация БВ на планетарной мельнице АГО-2 в течение 2 мин (2220 об/мин, центробежное ускорение 100 м/с^2); совместная механоактивация СВМПЭ и БВ в планетарной мельнице PULVERIZETTE – 5 фирмы FRITSCH в течение 2 мин (400 об/мин, центробежное ускорение 40 м/с^2).

Физико-механические свойства ПКМ исследовали на разрывной машине "Shimadzu AGS-J" по ГОСТ 11262-80 при скорости движения подвижных захватов 50 мм/мин (количество образцов на испытание – 6-8).

Триботехнические характеристики определяли на трибометре UMT-3 согласно ГОСТ 11629-75 по схеме трения «палец-диск», при нагрузке 150 Н и скорости скольжения 1 м/с.

Структурные исследования проводили на: ИК-Фурье спектрометре FTS 7000 «Varian», растровом электронном микроскопе JSM-7800FX фирмы JEOL, дифрактометре ARL X'TRA.

Термодинамические свойства исследовали на дифференциальном сканирующем калориметре DSC 204 F1 Pheonix "NETZSCH".

Обсуждение результатов исследований

В таблице 1 приведены физико-механические и триботехнические характеристики ПКМ. Наилучшие результаты наблюдаются, при наполнении СВМПЭ активированным волокном: предел прочности повышается на 15 – 37 %, модуль упругости на 50 – 60 %, при этом линейный износ уменьшается в 4,5 раз относительно ненаполненного СВМПЭ. Улучшение деформационных свойств можно объяснить эффектом армирования полимерной матрицы базальтовым волокном, а триботехнических свойств - с уменьшением площади контакта ПКМ с металлической поверхностью контртела, участием БВ в ориентационных эффектах, с расположением поверхностных слоев композита по направлению скольжения [5, 404-410].

Анализ ИК-спектров композитов (рис. 1) выявил появление новых кислородсодержащих функциональных групп (оксо-, и карбокси-) после трения, что свидетельствует о протекании трибоокислительных процессов. В спектрах композитов, наполненных активированным волокном, отмечается снижение интенсивностей этих пиков, что свидетельствует об ингибировании окислительных процессов при трении.

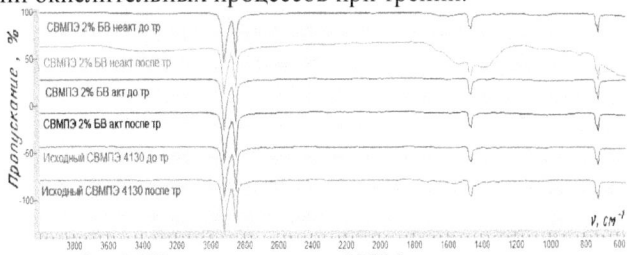

Рис. 1. ИК-спектры поверхностей ПКМ до и после трения

Исследование надмолекулярной структуры согласуется с результатами физико-механических исследований. На рисунке 2 показано, что структура СВМПЭ изменяется при введении БВ. Эта можно объяснить кристаллизацией полимера на поверхностях волокон. Видно, что при механоактивации волокна измельчаются, и мелкие частицы служат центрами кристаллизации СВМПЭ, способствуя формированию мелкоферолитной структуры (рис. 3). В результате улучшаются прочностные характеристики ПКМ.

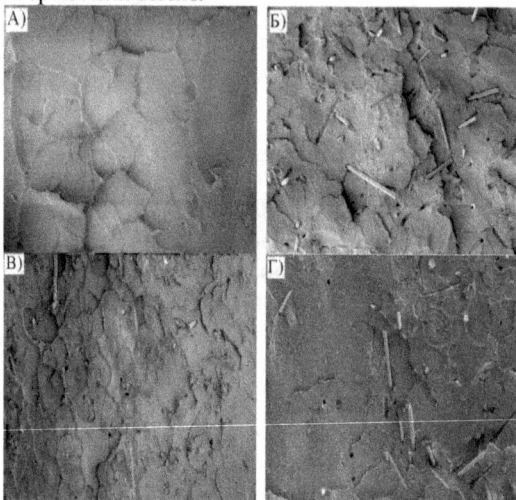

Рис. 2. Надмолекулярная структура ПКМ (x100):
А) Исходный СВМПЭ; Б) 2 % неактивированный БВ; В) 2 % активированный БВ;
Г) совместная активация СВМПЭ и БВ.

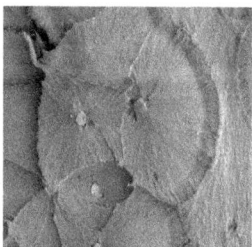

Рис. 3. Надмолекулярная структура ПКМ на основе СВМПЭ
и активированного волокна БВ (2 %).

Для оценки влияния способов модификации СМВПЭ провели термодинамические исследования (табл. 2). Температура плавления композитов практически не меняется. Возможно это связано с тем, что показания снимали при небольшой скорости нагревания (2 $^\circ$С/мин) в изотермических условиях.

Введение активированных БВ в СВМПЭ приводит к некоторому снижению теплоты плавления композитов, что свидетельствует об уменьшении подвижности макромолекул полимера в расплаве вследствие взаимодействия с активированной поверхностью БВ, степень кристалличности ПКМ остается практически неизменной.

Таблица 2.
Результаты исследований композитов методом ДСК

Композит	$T_{пл}$, °C	$T_{кр}$, °C	$Q_{пл}$, Дж/г	Степень кристалличности, %
Чистый СВМПЭ	125	118	152	52
СВМПЭ + 5 % неактивированный БВ	126	118	144	49
СВМПЭ + 5 % активированный БВ	125	118	146	50
Совместная активация СВМПЭ + 5 % БВ	126	118	147	50

Примечание: $T_{пл}$ – температура плавления; $T_{кр}$ – температура кристаллизации; $Q_{пл}$ – теплота плавления.

На основании проведенных исследований можно сделать заключение, что для создания композитов, предназначенных для тяжело нагруженных узлов трения машин и механизмов, наиболее оптимальным является использование активированного базальтового волокна в качестве усиливающего компонента материалов. Разработаны новые материалы триботехнического назначения и способы их получения.

Литература

1. Охлопкова А. А., Слепцова С. А., Соколова М. Д., Петрова П.Н. Создание для обеспечения надежности транспортной техники в условиях холодного климата// Вестник Северо-Восточного федерального университета им. М.К. Аммосова. – 2006. - № 3 – С 60.

2. Kirillina Iu. V., Nikiforov L. A., Okhlopkova A. A., Sleptsova S. A., Cheonho Yoon, and Jin-Ho Cho. Nanocomposites Based on Polytetrafluoroethylene and Ultrahigh Molecular Weight Polyethylene: A Brief Review // Bull. Korean Chem. Soc. 2014, Vol. 35, No. 12, P. 3411-3420.

3. Кербер М. Л., Виноградов В. М., Головкин Г. С. и др. Полимерные композиционные материалы: структура, свойства, технология: учеб. пособие/ под ред. А. А. Берлина – СПб.: Профессия, 2008. – С 54 – 55.

4. Нгуен Суан Тьук, Панин С. В. Влияние модификаторов на свойства полимерных материалов – с. 2013.// http://www.lib.tpu.ru/fulltext/c/2013/C17/V1/055.pdf;

5. Охлопкова А. А., Васильев С. В., Гоголева О. В., Разработка полимерных композитов на основе политетрафторэтилена и базальтового волокна// «Нефтегазовое дело» – 2011. - № 6 – С. 404-410.

Работа выполнена при финансовой поддержке Минобрнауки РФ по Государственному заданию №11.512.2014/К

Киселева Е.Н.

аспирант

ФГБОУ ВО «Российский государственный аграрный университет – МСХА имени К.А. Тимирязева»

СОВЕРШЕНСТВОВАНИЕ ГРУППОВОЙ СБОРКИ ЦИЛИНДРО-ПОРШНЕВОЙ ГРУППЫ ДВИГАТЕЛЕЙ ЯМЗ

В процессе ремонта машин необходимо добиваться, чтобы все функциональные параметры ремонтируемого изделия находились в заданных пределах длительное время, иначе снизится долговечность и увеличатся потери материальных и трудовых ресурсов, связанные с необходимостью повторного ремонта, возрастут убытки от простоя машин и т.д. [1]. Нахождение этих пределов – сложная инженерная задача, требующая конкретизации и учета множества факторов [2].

Групповая (селективная) сборка применяется, во-первых, когда требуется повысить точность соединений без уменьшения допусков на обработку соединяемых деталей, и, во-вторых, когда требуется расширить допуски на обработку до экономически целесообразных при сохранении заданной точности [3].

В качестве примеров применения селективной сборки можно привести всем известные соединения «поршень – гильза цилиндров», «бобышки поршня – поршневой палец» ДВС, плунжерные пары ТНВД, «золотник – отверстия корпуса» в распределителях гидравлических систем и т.д. В результате групповой сборки получаются соединения с меньшим колебанием зазора или натяга, т. е. более точные.

Преимущества метода селективной сборки: получение соединений требуемой точности, когда это невозможно сделать на имеющемся технологическом оборудовании; значительная экономия на стоимости обработки; значительное увеличение долговечности соединений.

Недостатки селективной сборки: увеличение, трудоемкости и стоимости контроля; повышение требований к точности формы деталей и их шероховатости [4]; увеличение частоты более точной наладки станочного оборудования; наличие незавершенного производства деталей.

В массовом и крупносерийном производстве влияние этого фактора ослаблено из-за использования станков-автоматов. В мелкосерийном и индивидуальном производстве экономически выгоднее использовать индивидуальный подбор.

В связи с этим может возникнуть вопрос, почему метод групповой взаимозаменяемости так широко распространен в ремонтных предприятиях. Это объясняется тем фактом, что на ремонтное производство уже поступают детали и запасные части с завода –

изготовителя. Для предприятий, ремонтирующих двигатели – это поршни, гильзы цилиндров или блоки цилиндров, поршневые пальцы и др. детали.

Пример селективной сборки соединения «поршень – гильза цилиндров» двигателей ЯМЗ, таблица 1 [1].

Таблица 1

Комплектовочная таблица соединения «поршень – гильза цилиндров» двигателей ЯМЗ при селекции по 3-м группам

Обозначение группы	Диаметр отверстия гильзы цилиндров, мм	Диаметр поршня, мм	Предельные групповые зазоры, мкм
А	$130^{+0,02}$	$130^{-0,18}_{-0,20}$	
Б	$130^{+0,04}_{+0,02}$	$130^{-0,16}_{-0,18}$	$S_{грmin} = 180$ $S_{грmax} = 220$
В	$130^{+0,06}_{+0,04}$	$130^{-0,14}_{-0,16}$	

Чем больше групп селекции, тем точнее требуются средства измерений, с помощью которых осуществляется контроль и разбиение деталей на группы [5]. Отсюда растет количество потерь от неправильного забракования и принятия деталей [6,7].

Из таблицы 1 видно, что наименьший зазор в соединении $S_{грmin} = 0,18$ мм назначен для компенсации теплового зазора между парами трения, которые изготовлены из разных материалов. Наибольший зазор $S_{грmax} = 0,22$ мм обеспечивает долговечность соединения. Допуски на изготовление отверстия гильзы и диаметра поршня равны $T_d = T_D = 0,06$ мм.

Групповой допуск
$T_{грd} = T_{грD} = 0,06/3 = 0,02$ мм.

Таблица 2

Комплектовочная таблица соединения «поршень – гильза цилиндров» двигателей ЯМЗ при применении 6-ти групп селекции

Обозначение группы	Диаметр отверстия гильзы цилиндров, мм	Диаметр поршня, мм	Предельные групповые зазоры, мкм
А	$130^{+0,01}$	$130^{-0,18}_{-0,19}$	
Б	$130^{+0,01}_{+0,02}$	$130^{-0,18}_{-0,17}$	
В	$130^{+0,02}_{+0,03}$	$130^{-0,17}_{-0,16}$	$S_{грmin} = 180$ $S_{грmax} = 200$
Г	$130^{+0,03}_{+0,04}$	$130^{-0,16}_{-0,15}$	
Д	$130^{+0,04}_{+0,05}$	$130^{-0,15}_{-0,14}$	
Е	$130^{+0,05}_{+0,06}$	$130^{-0,14}_{-0,13}$	

Если бы мы применили 6 групп селекции, как показано в таблице 2, то групповые допуски были бы равны
$T_{грd} = T_{грD} = 0,06/6 = 0,01$ мм,
$S_{грmax} = S_{грmin} + T_{грd} + T_{грD} = 0,18 + 0,01 + 0,01 = 0,20$ мм.

Тогда дополнительный запас на износ

$И_д = S_{max} - S_{гртах} = 0{,}22 - 0{,}20 = 0{,}02$ мм.

Таким образом, определено, что при использовании шести групп селекции вместо трех появляется дополнительный запас на износ, равный 0,02 мм.

Несмотря на ряд трудностей, привносимых в производство групповой сортировкой, она оправдывает себя, так как затраты окупаются высоким качеством соединений.

БИБЛИОГРАФИЧЕСКИЙ СПИСОК

1. Метрология, стандартизация и сертификация. Учебное пособие / О.А. Леонов, В.В. Карпузов, Н.Ж. Шкаруба, Н.Е. Кисенков / под общ. ред. Леонова, О.А. – М.: Издательство КолосС, 2009. – 568 с.

2. Леонов, О.А. Теоретические основы расчета допусков посадок при ремонте сельскохозяйственной техники // Агроинженерия. Вестник ФГБОУ ВПО МГАУ им. В.П. Горячкина. 2010. № 2. С. 106-110.

3. Леонов, О.А. Обеспечение качества ремонта унифицированных соединений сельскохозяйственной техники методами расчета точностных параметров: Дис. ... докт. техн. наук. – М.: ФГОУ ВПО МГАУ, 2004. – 324 с.

4. Леонов, О.А., Киселева, Е.Н., Вергазова, Ю.Г. Влияние шероховатости поверхности деталей на долговечность соединений при ремонте сельскохозяйственной техники // Международный технико-экономический журнал. 2014. № 5. С. 47-51.

5. Леонов, О.А., Бондарева, Г.И., Шкаруба Н.Ж. Влияние погрешности средств измерений на потери при ремонте сельхозтехники // Механизация и электрификация сельского хозяйства, 2007. № 11. С. 27-29.

6. Леонов, О.А., Бондарева, Г.И., Шкаруба, Н.Ж. Оценка качества измерительных процессов в ремонтном производстве // Агроинженерия. Вестник ФГБОУ ВПО МГАУ им. В.П. Горячкина. 2013. № 2. С. 36.

7. Технико-экономические основы метрологии, стандартизации и сертификации. Учебное пособие / О.А. Леонов, Н.Ж. Шкаруба, Г.Н. Темасова / М.: Издательство ФГОУ ВПО МГАУ имени В.П. Горячкина, 2004, - 235 с.

Леонов О.А. - д.т.н., профессор
Вергазова Ю.Г. - ст. преподаватель
Киселева Е.Н. - аспирант
ФГБОУ ВО «Российский государственный аграрный университет –
МСХА имени К.А. Тимирязева»

ИЗНАШИВАНИЕ СОЕДИНЕНИЙ «ВАЛ-ВТУЛКА СО ШПОНКОЙ»

Неподвижные соединения достаточно часто встречаются в сборочных единицах и агрегатах сельскохозяйственной техники. Это – соединения зубчатых колес, звездочек, шкивов с валами, направляющих втулок с корпусами, опор подшипников скольжения с втулками и пр.

В настоящее время более 355 видов мобильных уборочных и других сельскохозяйственных машин оснащены цепными передачами и редукторами [1]. Наибольшее распространение в звездочках цепных передач получили соединения типа «вал-втулка звездочки», а в редукторах - «вал-втулка шестерни», табл. 1. Относительная неподвижность поверхностей обеспечивается шпонками.

Таблица 1

Анализ зазоров и натягов в соединении «вал- втулка»
сельскохозяйственной техники

Наименование и марка машины	Место установки соединения	Посадка по чертежу, мм	Предельные зазоры или натяги, мкм
Соединение «вал-втулка звездочки»			
Картофелеуборочный комбайн КПК-3	Валы редукторов привода элеваторов, горок	$\varnothing 30 \frac{+0,17}{-0,05}$	0…+220
Сеноуборочная машина КИК-1,4	Биттер	$\varnothing 25 \frac{+0,14}{-0,52}$	0…+660
Редуктор универсальный Н 090.20.000	Валы редуктора	$\varnothing 30 \frac{+0,17}{-0,05}$	0…+220
Соединение «вал-втулка шестерни»			
Картофелеуборочный комбайн КПК-3	Валы редукторов привода элеваторов, горок	$\varnothing 40 \frac{+0,025}{+0,018}$ $+0,002$	-18 …+23
Сеноуборочная машина КИК-1,4	Редуктор	$\varnothing 25 \frac{+0,045}{-0,045}$	0…+90

В зависимости от назначения соединения и условий его работы рекомендуются следующие поля допусков соединения «вал – втулка со шпонкой» по номинальному размеру, табл. 2 [2].

Таблица 2
Рекомендуемые поля допусков в соединении «вал – втулка»

Условия работы	Поля допусков		Вид посадок
	отверстия втулки	вала	
Точное центрирование	*H*6	*j*$_S$6; *к*6;*m*6; *n*6	переходные
Большие нагрузки	*H*7	*s*7	с натягом
	*H*8	*x*8; *u*8; *s*8	
Осевое перемещение	*H*6	*n*6	с зазором
	*H*7	*n*7	

Из таблиц 1 и 2 видно, что реальные допуски и отклонения значительно отличаются от нормируемых. Несоблюдение норм точности приводит к повышенному износу и раннему отказу [3], но достигнуть таких квалитетов, табл. 2, в сельскохозяйственном машиностроении и ремонтном производстве невозможно [4].

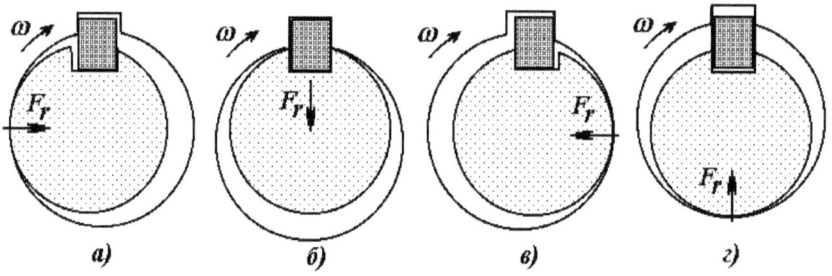

Рис. Контактирование поверхностей
при вращении соединения «вал-втулка»

Рассмотрим подробнее процесс изнашивания и контактирования поверхностей соединения при вращении, рис. Относительному проворачиванию препятствует шпонка, поэтому идет постоянный микросрыв шероховатостей из-за неравенства длин окружностей отверстия и вала, и при каждом цикле нагружения - вращения встречаются те точки, которые уже были в контакте между собой. Такой процесс контактирования приводит к значительному и в тоже время равномерному износу поверхностей вала и втулки.

Таким образом, на процесс изнашивания в значительной мере оказывает влияние относительное перемещение поверхностей, величина зазора или раскрытия стыка, а так же наличие абразива и смазки в зоне трения. Причем, чем больше зазор, тем меньше площадь контакта, больше удельное давление, больше скорость микросрыва, больше загрязнений попадает в зону контакта, интенсивнее изнашиваются поверхности.

Особо следует рассмотреть изнашивание соединения «шпонка – паз вала – паз втулки». Как видно из рис., при увеличении зазора в соединении «вал-втулка», шпонка начинает больше перемещаться в вертикальной плоскости, что приводит к уменьшению площади ее контакта с пазом вала и втулки. От возникающих микросрывов идет ударно-волновое нагружение, что приводит к повышению износа и смятию поверхностей в соединении «шпонка – паз вала – паз втулки» в слабых элементах поверхности – углах. Пазы так же деформируются и увеличиваются в размерах.

Раскрытие стыка от радиальной силы нужно компенсировать натягом в соединении [5], что предотвратит проникновение пыли и абразива в зону трения и снизит относительное перемещение поверхностей, а так же значительно уменьшит износ шпонки и пазов. Но большие величины натягов здесь не приемлемы, т.к. особенностью данного соединения является обеспечение условий многократной разборки – сборки с целью ремонта и технического обслуживания сопрягаемых сборочных единиц.

Таким образом, для данного соединения необходимо провести расчет оптимальных норм взаимозаменяемости, исключающих, с одной стороны, взаимное перемещение поверхностей соединения, а с другой - быструю разборку-сборку в полевых условиях.

БИБЛИОГРАФИЧЕСКИЙ СПИСОК

1. Леонов, О.А. Обеспечение качества ремонта унифицированных соединений сельскохозяйственной техники методами расчета точностных параметров: Дис. ... докт. техн. наук. – М.: ФГОУ ВПО МГАУ, 2004. – 324 с.
2. Леонов, О.А. Теоретические основы расчета допусков посадок при ремонте сельскохозяйственной техники // Агроинженерия. Вестник ФГБОУ ВПО МГАУ им. В.П. Горячкина. 2010. № 2. С. 106-110.
3. Леонов, О.А., Бондарева, Г.И., Шкаруба Н.Ж. Оценка качества измерительных процессов в ремонтном производстве // Агроинженерия. Вестник ФГБОУ ВПО МГАУ им. В.П. Горячкина. 2013. № 2. С. 36.
4. Леонов, О.А., Темасова, Г.Н. Процессный подход при расчете затрат на качество для ремонтных предприятий // Агроинженерия. Вестник ФБОУ ВПО МГАУ им. В.П. Горячкина. 2007. № 2. С. 94.
5. Леонов, О.А., Вергазова, Ю.Г. Расчет посадок соединений со шпонками для сельскохозяйственной техники // Агроинженерия. Вестник ФБОУ ВПО МГАУ им. В.П. Горячкина. 2014. № 2. С. 13-15.

Белякова С.М.
профессор, д. филол. н., профессор кафедры общего языкознания ФГБОУ ВПО «Тюменский государственный университет»
Сычёва Н.А.
магистрант 1 курса ФГБОУ ВПО «Тюменский государственный университет»

ИЗУЧЕНИЕ СИНСИМАНТИЧЕСКИХ ПРОСТРАНСТВЕННЫХ ПРЕДЛОГОВ НА ЗАНЯТИЯХ РКИ (НА ПРИМЕРЕ ПЕЧАТНЫХ РЕКЛАМНЫХ ТЕКСТОВ)

При изучении русского языка как иностранного учащиеся встречаются со многими трудностями, и одной из таких трудностей является правильное употребление предлогов. Еще В.В. Виноградов писал, что «связочные слова очень многочисленны и продуктивны» [3, 544]. Кроме этого предлоги, вместе с частицами, союзами, местоимениями, занимают значительное место среди всех употребляемых слов. При этом основная часть предлогов призвана выражать, в первую очередь, пространственные и временные отношения, причем группа предлогов, обозначающая пространственные отношения, является наиболее объемной, так как предполагает три измерения. Ю. И. Леденев, в зависимости от степени устойчивости лексического значения, делит предлоги на *автосемантические* и *синсемантические* [4, 129]. *Автосемантические* предлоги отличаются стабильностью лексического значения и редко зависят от полнозначных слов, с которыми они сочетаются. Наиболее ощутимые сложности у иностранных студентов возникают при употреблении *синсемантических* пространственных предлогов, таких как: *в, на, из, с, к, о* и других, которые в отличие от *автосемантических* (*навстречу, по мере*):

1. Имеют слабую собственную семантику и зависят от семантики знаменательных слов.
2. Употребляются только с определенными падежами (не все).

Так, предлог *к* употребляется только с Д. п., *от, до* – только с Р. п.; а другие предлоги имею широкую сочетаемость и употребляются с разными падежами, при этом приобретая различные значения. Поэтому немаловажным является обращение внимания учащихся на то, какой предлог с каким падежом может сочетаться.

3. Связаны с изучением падежей русского языка, которые не характерны для многих языков.

Предлоги уточняют значение падежей, а значит, может отсутствовать однозначное межъязыковое соответствие, то есть предлог в родном языке может соответствовать многим предлогам в изучаемом (русском) языке и наоборот. [1, 20].

4. Сходны с приставками, что добавляет дополнительную сложность в изучении данной темы, ведь лексико-грамматический плеоназм – это нередкая особенность русской грамматики.

Пример: *«Отмечайте детские праздники в кафе «Cheese Men's»* но *«Приходите за продуктами по доступным ценам на субботнюю ярмарку!»*. Эти выражения с легкостью могут ввести в заблуждение обучающихся, так как иностранцы не чувствуют разницу (в отличие от носителей языка) в семантике слов *кафе* (как ограниченное пространство) и *ярмарка* (как открытое пространство) и, тем более, если они не знают или не понимают правило, что открытое пространство требует предлога *на*, а ограниченное – *в*.

Немаловажным для преподавателя русского языка как иностранного будет и тот факт, что вводить предлоги в лексический запас студентов необходимо тогда, когда начинается изучения глаголов движения. Это связано с тем, что именно глагол обладает наибольшей сочетаемостью с другими единицами языка. Он является структурным центром всей грамматической конструкции, будь то предложение или словосочетание, а система падежей и предлоги – главными компонентами глагольного управления [2, 51].

Исходя из вышеперечисленных причин затруднения в употреблении синсемантических пространственных предлогов, задача преподавателя – облегчить процесс изучения темы, сформулировать четкие правила употребления предлогов и выстроить обучение с опорой на родной язык студентов и базовые для разных языковых систем знания, которые они получили при изучении родного языка. Кроме этого, преподавателю необходимо учитывать возраст и контингент обучающихся, так как «всякий, изучающий иностранный язык, уже имеет ту или иную систему…понятий» [5, 68]. При этом важно научить студентов правильно употреблять предлоги в реальном речевом общении, для чего отлично подойдут печатные рекламные тексты, которые отражают современное состояние языка. Грамотно подобранные рекламные тексты обладают высокой степенью информативности и способны содержательно наполнить речевые высказывания студентов-иностранцев, способствуя тем самым созданию собственных речевых высказываний с опорой на образцы.

В связи с этим нами были составлены ряды упражнений для обучения синсемантическим пространственным предлогам в качестве отдельной грамматической темы, основанные на последовательной подаче материала и на пояснении логических закономерностей употребления данных предлогов с использованием печатных рекламных текстов. Приведем несколько примеров.

Задание № 1. Дополните предложение предлогами *в* или *на* и словами, данными в скобках, поставив их в нужный падеж.

1. Приглашаем вас ... (*кафе*) «Горкомовское» для проведения банкетов.

2. ... (*Ярмарка*) вы можете купить шубы по очень привлекательной цене.

3. Только сегодня ... (*наш магазин*) при покупке шампуня «Чистая линия» Вы можете получить бальзам для волос в подарок!

Задание № 2. Составьте словосочетания из глаголов и предложенных в скобках существительных.

Приглашать (кафе, кино, день рождение), работать (школа, предприятие, завод), покупать (магазин, ярмарка, торговый центр).

После выполнения каждого упражнения правильность выполненной работы проверяется всей учебной группой совместно с преподавателем.

Таким образом, изучение предлогов в курсе русского языка как иностранного оказывается довольно трудоемким процессом, которому следует уделять не меньшее внимание, чем изучению других частей речи.

Литература

1. Бондаренко В. С. Предлоги в современном русском языке М., 1961.

2. Борисова, Е. Г. Лингвистические основы РКИ (педагогическая грамматика русского языка): учеб. пособ. / Е. Г. Борисова, А. Н. Латышева. М., 2003.

3. Виноградов В. В. Грамматика русского языка: в 2 т. Т. 1: Фонетика и морфология. М., 1960.

4. Леденев Ю. И. Состав и функциональные особенности класса неполнозначных слов в современном русском литературном языке // Неполнозначные слова: материалы в помощь студентам филологического факультета. Ставрополь 1974. С.3-238.

5. Щерба Л. В. Преподавание языков в школе: общие вопросы методики. М., 2003.

Kurchenkova E.A.
доцент, кандидат филологических наук,
Волгоградский государственный университет

PHONETIC FEATURES OF NIGERIAN ENGLISH

Phonetic aspect is of great importance in distinguishing between variants of different languages, because it clearly reflects the deviation from the standard norm. Variety of "Englishes" spoken in Nigeria, and diversity in terms of phonology, vocabulary, and syntax is great, ranging from Pidgin English to Southern British Standard.The main varieties of Nigerian English are the standard Nigerian English and colloquial Pidgin English, which has unique status [1, 26] and is spoken by the majority of Nigerians. Variety that has been called "Standard Nigerian English" is spoken by most university-educated Nigerians.

Phonetic deviations in pidgin take place due to the phonetics of local languages, operating in the Niger Delta, in the South-Eastern Nigeria, that is known as the area of intense oil production. These are Ibibio, Edo, Efek, Igbo, Yoruba, Hausa and some other languages. This area is also known as the point of influence of traces of the Portuguese language, which remained here since the days of the slave trade. A. A. Fakoya wrote : "What with the paucity of corresponding segmental vowel and consonantal phonemes between many Nigerian languages and English, Nigerian English is adjudged to have its own distinctive 'representation', especially when seen in the light of Received Pronunciation" [3,2-3].

We have studied fragments of oral speech relating to the standard and colloquial varieties of Nigerian English, videos from the site U-tube in Nigerian English, units of Opics Online Files data and dictionaries taking into account phonetic aspect of their identity as compared to standard British English. Following previous researchers, we note that the number of similar vowels and consonants that occur in English and in local Nigerian languages is extremely small, they are four [2]. Therefore, compared to the British Received Pronunciation standard, Anglo-Nigerian discourse is characterized by its unique phonetic features. Researcher A. A. Fakoya notes that Nigerians do not have problems with the pronunciation of clear English sounds [e], [a], [u], [ɔ]. However, they are difficult to pronounce diphthongs [əʊ], [ɛə], which they replace by the similar sounds of Nigerian local languages[o], [ia], such as in the words *go, share*. Therefore there are Nigerian English phonetic phenomena such as substitution, adaptation, insertion. On the super-phrasal level, there are such peculiarities as syllabic division, transfer of stress [3,3].

Researchers distinguish between different types of phonetic interference between Nigerian English and Nigerian local languages, they are over-differentiation,   under-differentiation,   reinterpretation,   substitution, hypercorrection [5, 151]. A. A. Fakoya highlights such phenomena as substitution, adaptation, insertion [3,3].

Having these classifications reworked, we can offer the following taxonomy of Nigerian English phonetic features as a result of phonetic interference.

Group 1 includes the phenomena dealing with a qualitative change of English sounds: reinterpretation, substitution, adaptation, under-differentiation of sounds;

Group 2 includes the effects that change the number of phonemes in the word, they are insertion and elimination;

Group 3 includes the effects of formalization, saving the pronunciation of written words while speaking, which includes hypercorrection and spelling pronunciation;

Group 4 includes incorrect division (segmentation) of English speech, for example, overdifferetiation (excessive distinction), which occurs when the phonemes in the English words are differentiated according to the laws of phonetics native language.

Now we would like to have a look at some of the most peculiar features of Nigerian Phonology in a more detailed manner. Reinterpretation involves the use of some English sounds instead of others, similar phonemes of the English language, for example: [ɔ] is used instead of [ʌ], [p] instead of [f].

Under-differentiation is observed in units containing diphthongs, complex vowels and vowels with different longitude. Various phonemes are pronounced the same, and this leads to plurality of homophones. For example, words *sheet* and *shit* are pronounced the same

The phenomenon of substitution is understood as replacement of the sounds of the English language by the sounds of one of the native languages. For example, the word *noise* is pronounced [nois] instead of [noiz], *vision* is pronounced [`viʃon] instead of [`viʒən], *cassette* - [`keiset] instead of [kə`set], while [ei] is not pronounced as a diphthong, but as monophthong.

Insertion is the inclusion of the missing in British English sounds in the words of Nigerian English. The reason for the insertion is a difference in the structure of division of super phrase units in the British and Nigerian English. Nigerian English has a syllable-timed rather than stress-timed rhythm. Since Standard British English is a tonic, and Nigerian English is more syllable-stressed, additional sounds are added in some words so as to comply with syllabic division of speech. Vowel reduction is less pronounced in Nigerian English than in British English, which leads to an impression of equal length of each syllable. For example, the word *argument* will be pronounced as *aurgument*. According to A.A. Fakoya , interleaving consonants vowels and vice versa is a peculiar feature of most Nigerian languages. [3,4]

Adaptation can be considered a special case of substitution. In the languages of Nigeria for example neutral vowel [ə] is not present. But it is frequent in the British English. In the process of adaptation it turns into the initial [ei] as in the word *about*, in the final sound [a] in the word *teache*r.

The omission of consonants (elimination) is the opposite process of insertion, for example, the word *film* is pronounced as *fim* [4,48].

Hypercorrection occurs in the learning process and it is an effort to move the rules of pronunciation of sounds to the areas where they do not operate. A special case of this phenomenon is the spelling pronunciation, for example, in the word *exam* - [ɛk`sam].

Over-differentiation arises when distinctions made in Nigerian languages that are not realized in English are forced on the English language for example, the word *current* is pronounced [kwɒ'rent] [5,151]. Over-differentiation includes multiple types of interference - the transfer of stress, substitution and adaptation simultaneously.

Thus, various interference phenomena are reflected in the phonetic system of Nigerian English as changes in quantitative, qualitative, formalization, segmentation levels.

Literature

1. Kurchenkova E.A. Klassifikatsiya variantov i raznovidnostey sovremennogo angliyskogo yazyika // Mezhdunarodny nauchno-issledovatelskiy zhurnal. - №7 (14). - Ch. 4. - Ekaterinburg, 2013.- S. 23-26

2. Ekpenyong B. Oracy in Nigerian English-Based Pidgin as a Product of Colonial Encounter // Internet-Zeitschrift für Kulturwissenschaften №17, 2010. - URL: http: // TRANS Nr. 17 1.3. - Bassey Ekpenyong Oracy in Nigerian English-based Pidgin as a product of colonial encounter.html.

3. Fakoya A.A. Nigerian English: Morpholectal Classification. Lagos, 2006.

4. Odumu A.E. Nigerian English. Zaria: Ahmadu Bello Universities Press, 1987.

5. Perfecting your Listening and Speaking Skills in English as MESTA Students // English Language and Communication Skills / Ed. by E. Adegbija, A. Ofuya. Ilorin: University of Ilorin, 1996. P.138-215.

Kvesko R.B.
Docent, Gr. Dr. Philosophy, National Research Tomsk Polytechnic University
kvesko@mail.ru
Chaplinskaya Ya.I.
Aspirant, National Research Tomsk Polytechnic University
Ishtunov S.A.
Student, National Research Tomsk Polytechnic University
Kvesko S.B.
Dr. Science, National Research Tomsk State University

THE FORMATION OF A CONSTRUCTIVE RELATIONSHIP TO STRESS: METHODOLOGICAL ASPECT

We connect the wellbeing of people in modern society with civilization and sociocultural opportunities to develop and realize needs, interests and self-actualization opportunities socially, psychologically, emotionally, in terms of information, with the actualized citizens life activity in a modern information and post-industrial epoch. Objective: To reveal the essence of the phenomenon of professional burnout in the context of wellbeing. Subject of research: the phenomenon of professional burnout in the activities of the employee.

The research methodology is based on a combination of methods: a comparative analysis, analogy, dialectical, as well as the competency and interdisciplinary approaches.

The burnout syndrome with its physical and emotional exhaustion are the results from stress. While stress can be ordinary or extraordinary, the stress factor in burnout is a pressure that "...exceeds the ability of the individual to cope. Stress becomes 'distress' and may be finally come aut physical symptoms, feelings of inadequacy or being overwhelmed, a crisis of faith and/or difficulty with or inability to pray". Stress arises from a variety of quarters-interpersonal clashes, excessively taxing administrative responsibilities, time constraints, and conflicting role expectations. In this regard, burnout is seen as a special form of stress reaction to work and to organizational pressures. It occurs in people who are motivated by idealistic values of service and professional goals, in addition to the usual reasons for work.

Depersonalization: changing relationships with customers, partners, relatives and friends. Often manifests itself in the heartless and cynical attitudes. There are negative emotions to customers.

In step of depersonalization process begins retreat from social contact as an attempt to keep the perfect image. Decrease of vitality. Unlike the previous two steps in which the man is showing hyperactivity activity here is minimal. It is important to understand that this syndrome has a sneaking character.

Each step proceeds sufficiently imperceptible to another. Each step in the process of professional burnout has a corresponding type of behaviour [1; 2]/

Feelings: a sense of change depending on the stage. Initially, this sense of indispensability and the constant lack of time. Sudden mood swings, low self-esteem, irritability, impatience and distrust. In the second step burning is added feeling of exhaustion. May feel that you are using. Begins feeling of emptiness. In the third and final stage, a growing sense of loneliness, despair, helplessness, hopelessness.

Behavior: the first stages of this hyperactive behavior. Man takes on several new activities. In the second step the efficiency begins to decline. In the third stage is dominated by a general lack of interest, favorite hobby is no longer interested. As a result, we can say that the health of the individual - it is a merit of the man himself. Need to be attentive to yourself, your needs and desires. Rigor and perseverance - decent quality. But they need to know when to stop. Psychological and physical health - happiness of human life.

Professional burnout - a problem that like any other decision amenable. As a practical result of the study were drawn up guidelines for the formation of a constructive relation to stress and self-mastery techniques for people interested in taking care of their health [3].

The external appearance is a reflection of the emotional, moral and volitional health. Business man is able to inspire confidence through their own appearance. Likable image helps save energy costs pi establishing contacts with other persons. When communicating away from duality and the uncertainty of expressing emotions. Strive for a lively and sincere emotion in communication, away from the masks that hide the real attitude. Do not overload the emotions sense and energy: moderately emote. Conversation should be sent in an emotionally positive and constructive form. Show expression in the form of an outgoing and she will have to trust and effective collaboration. At this stage, critically assess your emotional stereotypes [4].

The literature testifies to the severity of the problem of burnout among committed, service-oriented people. Indeed, it is a critical situation that demands a radical change in our approach to life. Of the various approaches offered to this critical issue, the creative development of leisure is the most inclusive.

Based on the results of the research conducted a number of features was revealed. The respondents with a low level index of «Burnout» syndrome are referred to a high adaptive potential group. The persons of this group quickly adapt to changing conditions of activity, enter into new workforce without conflicts, are conversant in situations and have strategically directed activity. They are characterized as non-contentious and emotionally stable personalities. But the respondents with a high level index of the syndrome were referred to a group of low adaptive potential.

It is important to note the scale of neuropsychic stability which shows risk of disadaptation of the personality under the stress when the system of emotions works in non-standard conditions. They are formed by external and internal factors. Test-takers with a low level index of «Burnout» syndrome are persons with a high level of behavioral control, a high adequate self-assessment and real perception of reality.

Reference

1. Freudenberger H.J. Staff burn-out // Journal of Social Issues. 1974.
2. Manfred Nelting "Burnout - eslimaskalomaetsya" [Elektronnyi resurs]/2009.URL:http://www.susun.ru/rasnoe/chtoby_serdce_i_dusha_byli_ molody.
3. Maklakovai S.V. Chermyanina/ Prakticheskayapsihodiagnostika. Metodikii testy. Uchebnoeposobie. Red. isost. D.Ya. Raigorodskii, Samara, 2006.
4. Bakker A.B., Demerouti E. The job demands-resources model: state of the art. J ManagPsychol // Acc. Chem. Res. 2007.

Platonova A.V.

Anastasia V. Platonova, Cand. Sc., Tomsk state university of architecture and building, Russia, 634003, Tomsk, Solynaya square 2.
E-mail: nplatonova79@inbox.ru

COLLECTIVE AGENTS OF RESPONSIBILITY: IS IT NECESSITY OR THE WAY TO IRRESPONSIBILITY?

The issue of collective responsibility agents is quite important for ethical discourse today. First of all, the discussed issue among researchers does not give the whole situation about the notion what the collective agent is and what the point of using indefinite notion if we have classical autonomous agent such as personality. Even though we use the notion of collective agent we do not know the mechanism of bearing, attributing, and distributing responsibility. How collective can moral responsible be? What is the point of speaking about collective responsibility as a form of moral responsibility? Can collective have intentions? In other words, is a collective capable of being morally responsible for its actions as well as certain individuals? How is possible to distinguish responsibility inside a collective?

The causes of using the notion of collective agents in the ethical and philosophical discourse are deeply rooted in the new social changes. The modern society is characterized unprecedented specializations in different areas of human activity and simultaneously, increased human possibilities to impact upon different aspects of life. For instance, the introduction of science and technology into biological processes (as is the case with genetic engineering) creates a perfectly new type of intervention in the world of nature.

Actually, the problem of collective responsibility agents has existential significance today. Fuel, energy and ecological crises are all the result of our changed activity, which has a mediated and collective character, so it is difficult to find an agent of responsibility. Talking about an agent of responsibility I mean personality, who is the subject of classical moral discourse. As a fact, any human activity today as if economic and political or technological is particularized form of practice, where to define a local action is rather difficult.

Collective activity, in other words, centralized organizations and decentralized mass interactions are conditions, where the agent of responsibility could disappear. For instance, the process of creating new technologies supposes participation of a lot of people such as engineers, scientists, economists, philologists, ecologists and other experts. Finally, negative harm could be generated by long series of individual decisions and nobody initially had intentions to cause harm.

Definitely, it is near impossible for persons to be aware of their degree of responsibility, because we cannot imagine all the consequences of our activities in the modern world. Obviously, new processes in the world, such as globalization, imply a question about global responsibility, the source of which is the fact that societies are losing their local status. All humankind's course of life receives a single direction in the conditions of globalized world.

I consider we have a paradoxical situation. On the one hand, responsibility has become the most problematic aspect of almost all human actions, including influencing nature, scientific prognostication, and simulation of the future. The problem of responsibility is indicative of the crisis which we experience now, which results from the gap between activities and knowledge about consequences of these activities. The other hand, this gap provokes quite dangerous tendency.

I mean, losing the sense of responsibility and this tendency are expressed as a desire to avoid assuming responsible actions. For instance, to put responsibility on information systems, which take decisions more and more often today. As the result, we have the situation when individual responsibility makes extensive zones of irresponsibility in sphere of collective actions. Simultaneously, activities of collective agents are escaping from moral estimations because classical ethics did not use to analyze actions of collective agents.

It must be admitted that in the modern world many agents exist whose activity is of a complex and collective nature, so individual responsibility apparently could disappear. Nevertheless, that situation calls for attention: on the one hand, an individual becomes subordinate to global structures, but, on the other hand, the significance of individual activity gains extreme importance. Nowadays a mistake of individuals can lead to a global catastrophe.

In my report I am going to focus on the specific character of collective agents and analyzing of the role of individual responsibility within collective activity.

In order to achieve this goal I have to solve certain tasks.

1.   To analyze the idea of collective moral responsibility and to distinguish the main controversies, which this idea has.

2.   To reconstruct the main features distinctive for individual responsibility.

3.   To prove that individual responsibility should to remain a prior form of moral consciousness today. Keeping individual base of morality is the way to get over of controversies between collective and individual responsibilities.

4.   To estimate different approaches in proving status of collective responsibility agents.

The definition of collective moral responsibility

Today the idea of moral collective responsibility is very popular in social and philosophical discourse. Different terms can be used to refer this idea such as institutional responsibility, co-responsibility, shared responsibility, corporate responsibility and group responsibility. This type responsibility's polysemous names are an evidence of reflections to collective activities and attempts to find appropriate form of responsibility. The real practice, when the collective agents are accepted as moral agents has existed since 1960s. For instance, requests against producing napalm by Dow Chemical Company had been appealed to the company on the whole, but not particular people who were in charge of this producing. Company leader's replacement did not change the situation radically. This case is the evidence of dealing with collective agents, but the theoretical aspect of collective moral responsibility is quite complicated up to now.

In generally, the main assumption of collective moral responsibility is that all individuals in a collective are to be held responsible for other people's actions by tolerating, ignoring, or harboring them, even without actively collaborating in these actions.

The negative real or ideal sanctioning or judging can be ascribed to a person directly or indirectly, who has not been involved in an action, but, as the result, this action has moral reprehensible consequences. Using moral sanctioning in this case is based on people's belongs to social community, which can produce negative moral outcome.

According to this definition of collective moral responsibility researchers consider it is as a dishonest system of moral obligations. In other words, collective shares responsibility within collective independently from participation of its members. By the way, it is thought that the idea of collective responsibility is the way to escape moral responsibility, especially today when an autonomous acted agent can disappear in the complicated and organized practices. It can seem that collective character of activity reduces sense of responsibility because a person is not in charge of outcomes alone.

The idea of collective moral responsibility operates has a particular responsibility agent, which has not ever been focused on ethical theory. The sources of moral responsibility are groups or collectives, such as corporations, scientific technological groups, states, political and social institutes etc. As the agents of activity they can be source prosperity and the source of harm.

The controversies of collective moral responsibility
The point of personality

The notion of collective moral agent contradicts the idea of moral duty, which is always individual. Simultaneously, the concept of collective responsibility is contrary to the idea of social ethics of liberalism whose fundamental claim is that differences between individuals should be respected.

The methodological point

Another controversy of collective responsibility which some thinkers emphasize has been based on the idea of methodological individualism. This idea supposes that all social processes can be explained by reference to a set of principles governing individual human behavior. As the result, we are left with a situation in which in every researched case of collective activity we can reduce responsibility and find a guilty agent. Of course, such reduction of responsibility lets some people avoid it and other are forced to assume all responsibility.

The concept of individual responsibility

In order to get over mentioned controversies I should to describe the notion of individual responsibility. When we use the word «responsibility», we must bear in mind that the term is multivalued, integrated and polysemous. Multivaluedness means that the word «responsibility» is used in many different scientific and humanitarian disciplines, which define content of responsibility in their boundaries. Integrated character of responsibility means that the concept refers to a relation engaging three heteronomous realms of Agent, Object and Instance. The polysemous feature of responsibility lies in the dilemmas raised by accurate assessment of the measure of individual and collective responsibility. Responsibility is of course not a new concept in the history of ethics. I intend to advance an approach according to which responsibility is a relational concept, which acquires meaning only in connection with other ethical categories such as free will or fault. This is the Aristotelian concept of responsibility as a virtue, which primarily means self-respect and pride. Aristotle did not use the word «responsibility», but he indicated certain key aspects of the idea.

Another milestone in the history of responsibility thinking is the philosophy of Immanuel Kant, in which the idea of responsibility is based on the premise of dignity of a human person as an autonomous being. Kant was the first philosopher who systematically used the words «responsibility» and «responsible» in ethical considerations. As the main locus of responsibility he pictured mind as foundation of the absolute moral law. The consequences of actions do not have any relevance for responsibility in Kant's absolutist ethics. A person is only responsible for motives of actions accomplished by him or her.

Summarizing the main definitions of responsibility it can be defined as particular personal interpretation of moral duty. Through the responsibility abstract moral obligation, which appeals to all human being, becomes individual duty. Relations between responsibility and consequences are based in human ability to predict and control outcomes. One cannot be responsible for results which are unforeseen. Responsibility supposes the ability of a person to act consciously and take into account the consequences of his or her actions. A person acting responsibly is capable of understanding the needs of other people. In addition, the sense of responsibility gives a person a sense of empowerment, a sense of possibility to influence the state of affairs and control over certain events in the external world. Therefore, the expression «to bear responsibility» means to be able to take into account the consequences of accomplished actions. For a philosopher such a definition is acceptable, since responsibility is an essential attitude of personality to society, to another person and to herself or himself. As a result, we can say that responsibility has intentional character.

In the past the problem of ascriptions was not complicated for certain. First of all, consequences of actions were predictable and it was not necessary to have complex scheme of ascriptions. Simplicity of ascription was supported by close interactions among people. By the way, unpredictable and long terms effects of human actions did not exist. In addition, moral imperatives were formulated as the fundamental principles although they had particular character.

Moral assessment was given after action, so it allows talking about backward-looking character of individual responsibility. Consciousness, shame and blameworthiness were the mechanism for individual responsibility. According to this mentioned definitions of responsibility I suppose that the classical ethical theory did not need a collective moral agent at all because a responsibility agent could be defined in any case.

Having described the paradigm of individual responsibility I would like to get certain answers following questions. First of all, does really collective responsibility reduce individual responsibility? Secondly, is it possible to keep individual bases of morality within collective activity?

Actually, many reflections of collective responsibility can be presented in three projects, where researchers attempts to justify possibility of moral assessment for actions of collective agents and try to proof moral status of collective agents. If we acknowledge existence of the collective responsibility, we should acknowledge that the collective responsibility requires collective intention The first feature of collective responsibility is cumulative responsibility of an aggregate of individuals as a whole.

Corporate Agent of Responsibility

The first project can be described as «a Corporate Agent of Responsibility» [2]. Here personality is place into institutional and corporate context. Peter French rejected the anthropological prejudice of personality. As the result, he has proposed a new concept of a person. A person is an agent, who possesses certain characteristics such as ability to act intentionally and to bring about changes in his or her environment. Secondly, this kind of agent can correct its behavior based on the past experience both positive and negative. Thirdly, a person is able to take interests of other subjects into account. French argues that some collectives could satisfy the conditions which we use for persons in the moral sense.

Some corporations are quite formed moral agencies endowed with rights and obligations. As I have already mentioned, responsibility is intrinsically linked to the intention. If we consider that a feature such as intention can be attributed to certain groups (in which case we would qualify it as a collective intention), we can treat them as agents of moral responsibility.

The collective intention realizes in «corporate internal decision-making structure» (CID). This structure (CID) has two elements: firstly, «an organizational or responsibility flow chart that delineates stations and levels within the corporate power structure» [2]. Secondly, «corporate decision recognition rule(s) usually embedded in something called corporation policy».

Thus, we deal with corporate decisions but not with decisions of individuals. Corporations are collectives (or conglomerates) and their internal identity does not have strict connection with constant personal membership. P. French identifies moral individual position with moral position of collectives. Actually it is not correct we cannot to equalize their positions. Corporations are not moral personality and using the depersonalized structure in collectives does not guarantee that we would deal with real moral agent. In collective decisions we must accumulate will of all participants. It means that particular structure in collectives has to posses the democratic features, in other words, the atmosphere of publicity, taking into account different points and broad public discussions different projects. In this case, we have a chance to keep individual base of morality. Otherwise, the lack of democratic structure in collectives does not solve the problem of moral responsibility. That is why the French's model of corporate responsibility was supplemented with principals of publicity by A. Corlett [1] and N. Rescher [9]. In this context the mechanism of bearing responsibility can be realized through a shame. Using the notion of blameworthiness for corporations is not efficient because usually corporations have more pragmatic goal that moral, so the shame can be effective. Public censure is the strongest mechanism of effect for corporate than blameworthiness, because blameworthiness characters individual behavior, bur for corporate is more important confidents of partners.

Finally, organized collectives cannot be presented as a moral personality, but they are particular agents or «quasi personality», which can be accessed through moral norms.

Vicarious Agent of Responsibility

Another variant of collective agent is presented in Vicarious Notion of Responsibility. The vicarious responsibility can be described through moral notions such as blame, fairness and repentance of big groups such as nations, states, social institutes and professional organizations. On the whole, this type of collective responsibility means individual responsibility for activity and the consequences, which have been acted by others. The base of such responsibility is group affiliations. A group is an organizations or community which can be based on personal communication or can be unorganized group of aggregate people, who do not know each other, but they get involved in within different institutions. Also, those people can share common beliefs. In this project, the collective responsibility does not eliminate individual dimension of responsibility. Actually, sharing values with other people creates conditions for bearing responsibility. Physical participation in different actions does not play role because the most important mechanism of responsibility is symbolic meaning of our preferences shared with others. These preferences can turn into steady practice, which can lead to consequences. The base of taking responsibility is an emotional experience of feeling guilty. Vicarious responsibility has a good potential. First of all, the complicated social dynamic and the crises of identity which are rooted in diffusion the notions of nation and state. Before this notions had provided for individuals particular social role and guaranteed part of irresponsibility in collective actions. Today decisions of collective agents are a subject of personal responsibility and care, because a person through the own preferences, values takes part in different organizations, social groups.

Solidary Agent of Responsibility

The last type of collective responsibility is Solidary or «meta-institutional», where the main agent of responsibility is a human being. We can have a situation when actions of many people or many groups may perfectly match the norm, but their accumulation can be the cause of calculative and synergetic effects with negative consequences. These subjects can act independently or compete with each other. For example, the disappearance of forests in Europe is a result of the pollution of the environment, to which many subjects contributed, and nobody can be held solely and exclusively responsible for such consequences. In this case, individual responsibility minimizes or even disappears, so we have to say about global responsibility. However, humankind as the agent of responsibility is rather amorphous formation, which includes organized and unorganized groups. This type of responsibility begins when somebody takes moral obligation for a situation, an issue, but solution of this problem requests shared participation of other collective agents such as social institutes and different groups. Solidary responsibility has universal character and it has priority significant over other types of responsibility such as role, institutional or corporate responsibilities.

Conclusions

1.   The idea of collective responsibility has a heuristic significance for changed human activity today and it makes ethical theory prove unjustified escaping from moral responsibility.

2.   Negative status of collective responsibility is getting over today through another interpretation of person. Methodological individualism is a one of principles restricts in the complicated and mediated human activity today. Moreover reduction of responsibility lets some people avoid it and other are forced to assume all responsibility.

3.   Individual responsibility does not correspond to new character of human activity, so this type of responsibility should be supplemented collective types of responsibility.

4.   Individual responsibility does not eliminate in the different types of collective responsibility, moreover all variants suggest the way to keep individual dimension of responsibility.

References

1. Corlett A. Corporate Responsibility and Punishment // Responsibility and Punishment. Dordrecht: Springer, 2006. pp. 171–172.
2. French P. The corporation as a moral person // American Philosophical Quarterly. –2009 16 (3). – pp. 207–215.
3. Goldman A. Why Citizens should vote: a causal responsibility approach // Social philosophy and policy. – 1999 (16). – pp. 201-17
4. Mellema G. On Being fully responsible // American philosophical quarterly. – 1984. pp. 189–194.
5. Narveson, J. Collective Responsibility // Journal of Ethics. – 2002 (6). – pp. 179–198.
6. Prokof'ev A. V. O vozmozhnostyakh reeabilitatsii idei kollektivnoy otvetstvennosti [About rehabilitation of the idea of collective responsibility]. *The questions of philosophy*, 2004. no. 7. pp. 73–85.
7. Prokof'ev A. V. Vozdat' kazhdomu. Vvedenie v teoriyu spravedlivosti. [Recompence due anyone. The introduction to the theory of fairness]. Moscow, 2013. 511 p.
8. Prokof'ev A. V. Kolektivnaya I sovmestnaya otvetstvennost' v ekologicheskoi etike [Collective and cooperative responsibility in ecological ethics]. Etika I ekologiya. Novgorod, 2010. Pp. 26-44.
9. Rescher N. Collective responsibility // Journal of Social Philosophy. 1998. Vol. 29. № 3.– pp.56.
10. Sverdlik S. Collective responsibility // Philosophical Studies. – 1987.– 51 (1) pp. 61 – 76.
11. Yonas G. Printsip otvetstvennosty. Opyt etiki dlya tekhnologicheskoi tsivilizatii [Jonas H. The Principe of responsibility. The experience for technological civilization]. Moscow, 2004. 400 p.
12. Jaspers K. The question of German Guilty. Fordham university Press, 2001. – 117p.

Лозинская Е.Ф.
доцент, кандидат химических наук, Курский государственный университет

Митракова Т.Н.
аспирант, Курский государственный университет, t-mitrakova@rambler.ru

ОЦЕНКА СОРБЦИОННЫХ СВОЙСТВ ПРИРОДНЫХ МАТЕРИАЛОВ ПО ОТНОШЕНИЮ К ИОНАМ МЕДИ (II)

Очистка сточных вод от ионов меди (II) является актуальной задачей экологических служб предприятий, что связано как с высокой токсичностью элемента, так и низкими допустимыми концентрациями, установленными для сброса. Практический интерес представляет использование природных материалов, которые отличаются дешевизной, доступностью и возможностью модификации сорбционных свойств, для сорбционной очистки воды.

В данной работе проведено изучение сорбционных свойств для четырёх образцов: опоки, мергеля, торфа и биогеля на основе торфа.

Мергель – осадочная горная порода смешанного глинисто-карбонатного состава; содержит 30-90% карбонатов (кальцит, реже доломит) и от 70 до 10% глинистых частиц. Опока – кремнезём с мезопористой структурой (около 50% от объема). Кроме SiO_2 (75-80%) и Al_2O_3 (18-23%), в её состав входят оксиды кальция, железа, магния [1; 496]. Для сорбции применялся выщелоченный образец мергеля с содержанием карбоната кальция 39,65% и опока с содержанием кальция менее 2-х %.

Торф является природным ионообменником за счёт присутствия в его структуре различных функциональных групп и полимолекулярных ассоциатов [2; 53]. Сорбционные свойства торфа можно значительно увеличить путём химического или физического воздействия. Ультразвуковая кавитационная диспергация при высоком статическом давлении приводит к созданию наноразмерного высокотехнологичного продукта (биогеля) [3]. Для сорбции применялся торф низинной залежи месторождения «Кузьминский» Березовского городского округа Свердловской области. Изучение сорбционных свойств проводили для исходного образца торфа (не подвергшегося ультразвуковой обработке) и биогеля – образца торфа, подвергшегося ультразвуковой кавитации при высоком статическом давлении в течение 10 минут.

Исследование сорбции проводили в статических условиях. Содержание ионов меди в растворах до и после сорбции определяли экстракционно-фотометрически с диэтилдитиокарбаматом свинца по предварительно построенным градуировочным графикам [4].

При сорбционном извлечении важным фактором, влияющим на форму нахождения исследуемого иона и сорбента, является кислотность среды. Зависимость степени сорбции от pH изучали в диапазоне pH от 2 до 9. Максимальная сорбция меди на всех исследуемых сорбентах наблюдается при рН 7,0-8,0 (в нейтральной и слабощелочной среде), что имеет важное практическое значение для производственных процессов, использующих методы нейтрализации сточных вод.

При оптимальных значениях рН строили изотермы сорбции (рис.1), которые позволяют рассчитать ёмкость исследуемых сорбентов (таблица 1) и оценить их сорбционную способность по отношению к ионам меди (II). Экспериментально величину сорбции ионов Cu^{2+} вычисляли по уравнению (1):

$$A = \frac{(C_{исх} - C_{равн}) * V_{р-ра}}{m_{сорбента}} \qquad (1)$$

где $C_{исх.}$ – исходная концентрация ионов меди в растворе, ммоль/л; $C_{равн.}$ – равновесная концентрация катионов в растворе после сорбции, ммоль/л; $V_{р-ра}$ – объем раствора, л; $m_{сорбента}$ – масса сорбента, г.

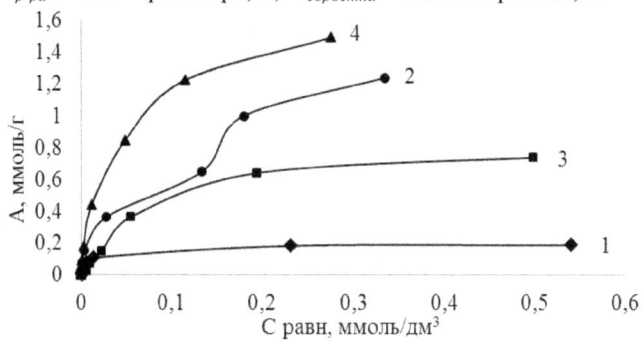

Рис. 1. Изотермы сорбции ионов меди (II) на природных сорбентах: 1 - опока, 2- мергель, 3 –торф, 4 – биогель. (объём раствора 100 мл, масса сорбента 0,1 г)

Таблица 1

Сорбционная емкость (СОЕ) сорбентов по ионам Cu^{2+}, ммоль/г

Опока	Мергель	Торф	Биогель
1,15	2,33	0,19	1,65

Из таблицы 1 видно, что максимальной сорбционной ёмкостью обладает мергель. Ультразвуковая кавитационная диспергация приводит к увеличению сорбционной ёмкости торфа, СОЕ биогеля в 8,5 раз превышает ёмкость исходного необработанного торфа.

Степень извлечения ионов Cu^{2+} (R, %) на исследуемых сорбентах зависит от исходной концентрации раствора (рис.2). Указанный параметр вычисляли по формуле (2):

$$R = \frac{(C_{исх} - C_{равн})}{C_{исх}} * 100\% \qquad (2)$$

где $C_{исх.}$ – исходная концентрация Cu^{2+} в растворе, ммоль/л; $C_{равн.}$ – равновесная концентрация Cu^{2+} в растворе после сорбции, ммоль/л.

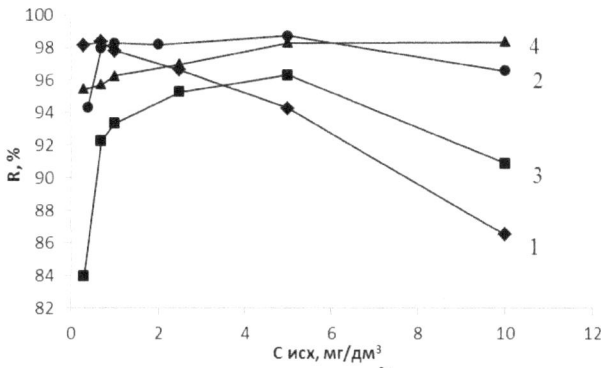

Рис. 2. Изменение степени извлечения ионов Cu^{2+} от исходной концентрации на природных сорбентах: 1 – опока, 2 – мергель, 3 – торф, 4 – биогель

В области низких концентраций (до 1 мг/ дм^3) максимальная степень извлечения характерна для опоки, что свидетельствует о высоком химическом сродстве ионов Cu^{2+} с поверхностью сорбента. Степень извлечения на мергеле повышается при увеличении концентрации ионов Cu^{2+} в исходном растворе до 2 мг/дм^3 и остаётся постоянной (до 5 мг/дм^3). С увеличением исходной концентрации степень извлечения ионов меди на опоке (более 1 мг/дм^3), мергеле и торфе (более 5 мг/дм^3) снижается, что связано с уменьшением количества сорбционных позиций. При этом степень извлечения на биогеле увеличивается с ростом концентрации сорбируемых ионов (до 5 мг/дм^3), а затем остаётся постоянной (от 5 до 10 мг/ дм^3). Следовательно, по величине химического сродства ионов меди (II) к поверхности исследуемые образцы можно расположить в следующий ряд: опока > биогель > мергель > торф, а по величине сорбционной способности - биогель > мергель > торф > опока.

Таким образом, все изучаемые образцы могут быть использованы для сорбционной очистки воды от ионов меди (II). При этом лучшими сорбционными свойствами обладают мергель и биогель – продукт, полученный в результате ультразвуковой кавитационной обработки торфа.

Литература

1. Калюкова Е.Н., Иванская Н.Н. Адсорбционные свойства некоторых природных сорбентов по отношению к катионам хрома (III) // Сорбционные и хроматографические процессы. 2011. Т.11. Вып.4. С.496 – 501.

2. Горленко Н.П., Жуйкова А.В., Шархиева Г.Г. О перспективах развития технологий рациональной переработки торфов в Ханты-Мансийском автономном округе – Югре // Вестник Югорского государственного университета. 2011. Выпуск 4. С. 53-58.

3. Патент № 2533235 РФ. Способ получения биогеля и биогель / О.В. Володина, А.В. Смородько. – Опубл. 07.08.2014.

4. ПНД Ф 14.1:2.48-96

Грехнёва Е.В., Кудрявцева Т.Н.

к.х.н., доцент; к.х.н., доцент; Курский государственный университет

grekhnyovaev@yandex.ru

ПОЛУЧЕНИЕ ВОДОРАСТВОРИМЫХ ФОРМ ЛЕКАРСТВЕННЫХ ПРЕПАРАТОВ ПУТЕМ ИХ КОМПЛЕКСООБРАЗОВАНИЯ С β-ЦИКЛОДЕКСТРИНОМ

Комплексы циклодекстринов с известными фармацевтическими веществами, проявляя разнообразную биологическую активность, вызывают определенный интерес с практической точки зрения. На сегодняшний день, в силу относительной дешевизны, биоразлагаемости и нетоксичности, они нашли широкое применение в различных областях химии [1, 29] .

Благодаря своим свойствам, β-циклодекстрин (β-ЦД) используется в производстве различных лекарственных и косметических средств. Циклодекстриновый каркас защищает включенное лекарственное средство от деструкции, содействует его избирательной доставке в необходимое место за требуемый период времени. Он повышает растворимость субстанций в воде, скорость их растворения и биодоступность; повышает физическую и химическую стабильность субстанций (например, увеличение срока годности); улучшает органолептические свойства препарата; улучшает транспорт субстанции через биологические мембраны [2, 321]. В косметических средствах: обеспечивает транспорт действующего вещества, повышает эффективность УФ-фильтров, уменьшает местное раздражающее действие. Применение β-ЦД не ограничивается сферой фармакологии и косметики, а используется в пищевой промышленности, тонком органическом синтезе и нефтедобыче.

Способность β-ЦД к комплексообразованию – является одним из самых важных его свойств [3, 293; 4, 586]. Молекулы органических нерастворимых в воде веществ, попадая в раствор циклодекстрина, проникают в его полость и остаются там, удерживаемые силами гидрофобных и других взаимодействий. Ковалентные химические связи при этом не возникают, но образовавшееся соединение может быть легко выделено в кристаллическом состоянии. Молекулы органических веществ, проникая в полость β-циклодекстрина, меняют свои физико-химические свойства. Нерастворимые субстанции становятся растворимыми, обладающие горьким вкусом – безвкусными, пахучие – лишенными запаха, летучие – нелетучими, нестабильные – стабильными.

В данной работе изучалась возможность получения комплексов некоторых веществ с β-ЦД. Это должно было привести к получению водорастворимых продуктов на основе известных лекарственных препаратов. В качестве лекарственных средств были выбраны следующие вещества: фурацилин, левомицетин, метронидазол, дибазол, изафенин. Эти вещества проявляют различную биологическую активность, в частности являются противомикробными, противовирусными, спазмолитическими, слабительными средствами. Однако, крайне низкая растворимость в воде данных лекарственных препаратов, не позволяет их использовать в полной мере. Молекулы всех перечисленных соединений содержат гидрофобные структурные фрагменты, следовательно, они способны проникать внутрь молекулы β-ЦД, внутренняя поверхность которого также является гидрофобной.

Предварительно методами компьютерного моделирования был проведен анализ соотношения размеров молекулы исследуемого вещества в сравнении с размером внутренней полости β-ЦД и показано, что размеры исследуемых молекул соответствуют размеру полости и, в принципе, способны образовывать предполагаемый комплекс включения (рис. 1).

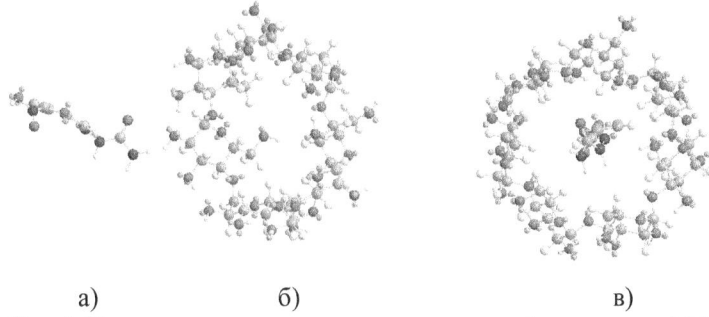

а)   б)   в)

Рис. 1 Пространственная структура молекул фурацилина (а) β-ЦД (б) и комплекса β-ЦД с фурацилином (в).

Практически все комплексы получали исходя из мольного соотношения компонентов смеси, равного 1:1. Исключение составлял изафенин, структура которого предполагала, что каждая ацетоксифенильная группа образует комплекс включения с β-ЦД, поэтому в этом случае использовали 2 моль β-ЦД на 1 моль изафенина.

Процесс вели следующим образом: к водному раствору β-ЦД медленно приливали раствор лекарственного препарата в соответствии с выбранным соотношением. Полученную суспензию диспергировали либо на магнитной мешалке (в течение 6-8 часов), либо с помощью ультразвукового диспергатора ИЛ 100-6/1 (в течение 3 часов). Образовавшийся комплекс осаждали ацетоном, отфильтровывали на фильтре Шота (ВФ-1-40 пор.16), промывали ацетоном, высушивали при комнатной температуре.

Процесс контролировали методом тонкослойной хроматографии. Структуру полученных продуктов подтверждали методами УФспектроскопии (спектрофотометр Shimadzu UV-1800) и ИК-спектроскопии (ИК-Фурье спектрометр типа IR-200 (США), ИК-Фурье спектрометр ФМС 1201 (Россия)).

Структуры УФ- и ИК-спектров индивидуальных лекарственных препаратов и их циклодекстриновых комплексов имеют четкие отличия, что может свидетельствовать об образовании комплексов включения.

Некоторые образцы полученных комплексов были исследованы на электронном микроскопе «QUANTA FEG 650» и сравнены с чистым β–ЦД (пример представлен на рис. 2).

а)   б)

Рис. 2 Микрофотографии чистого β–ЦД (а) и комплекса β–ЦД с дибазолом (б).

В результате, по описанным выше методикам были получены водорастворимые формы фурацилина, левомицетина, метронидазола, дибазола, изафенина. Предложенные здесь методики применимы для получения водорастворимых β – циклодекстриновых комплексов с другими биологически-активными веществами.

Литература

1. Грехнева Е.В., Пахомова Н.А. Получение комплексов фурацилина и левомицитина в β-циклодекстрине // Проблемы теоретической и экспериментальной химии : тез. докл. XXIII Рос. молодеж. науч. конф., Екатеринбург, 23–26 апр. 2013 г. – Екатеринбург: Изд-во Урал. ун-та, 2013. – с.29-30

2. Шагина С.Е., Войно Л.И. «Циклодекстрины и комплексы включения, их свойства и возможность использования». // Естественные и технические науки, №1 (33), 2008 – С. 321-323

3. Взаимодействие β-циклодекстрина с бензойной кислотой/ Л.А. Белякова, А.М. Варварин, О.В. Хора, Е.И. Оранская // Журн. физ. химии. - 2008. - Т. 82, № 2. -С. 293 - 299.

4. Комплексообразование в системе β-циклодекстрин – салициловая кислота / Л.А. Белякова, А.М. Варварин, Д.Ю. Ляшенко, О.В. Хора, Е.И. Оранская // Коллоид. журн. – 2006. –Т. 69, № 5. –С. 586 – 591.

Работа выполнена при финансовой поддержке Министерства образования и науки РФ (научный проект № 1399).

Голосов П.Е.

к.т.н., заведующий кафедрой прикладных информационных технологий Российской академии народного хозяйства и государственной службы при Президенте РФ (РАНХиГС)

Горелов В.И.

д.ф.-м.н., профессор кафедры прикладных информационных технологий Российской академии народного хозяйства и государственной службы при Президенте РФ (РАНХиГС)

Федосеев А.И.

к.э.н., доцент кафедры прикладных информационных технологий Российской академии народного хозяйства и государственной службы при Президенте РФ (РАНХиГС)

К РАЗРАБОТКЕ ЭКСПЕРТНОЙ СИСТЕМЫ ПО СТРАТЕГИЧЕСКОМУ УПРАВЛЕНИЮ ОБРАЗОВАТЕЛЬНОЙ СТРУКТУРОЙ[1]

Подготовка руководителей высшего звена образовательных структур, на наш взгляд, должна включать умение поставить и принять стратегически верное эффективное решение, способствующее развитию образовательной структуры.

Рассмотрим один из возможных путей решения этой задачи с помощью методов когнитивного моделирования.

Базовыми индикаторами оценки состояния учебной структуры являются:

1. конкуренция
2. сравнительные показатели
3. задание учредителя
4. учебная деятельность
5. внеучебная деятельность
6. формирование здоровья
7. работа с кадрами
8. оснащение оборудованием
9. набор учеников
10. обслуживание школы
11. финансы
12. подрядчики
13. партнерство

---

[1] Исследование выполнено при финансовой поддержке РГНФ в рамках проекта проведения научных исследований «Методология формирования кадрового потенциала социально-культурной сферы», проект № 13-02-00110.

Исследование выполнено при финансовой поддержке РФФИ в рамках проекта проведения научных исследований «Институциональные и внутрихозяйственные регуляторы позитивной динамики развития аграрного сектора экономики», проект № 13-06-00014.

Эти индикаторы интегрируют различные показатели состояния учебной структуры, и умение ими управлять определяет развитие или упадок организации. Ясно, что все эти индикаторы связаны между собой и изменение одного из них влечет изменения других. А это означает, что совокупность этих индикаторов образует систему.

Поэтому подготовка руководителей может включать в себя как работу с готовой системой, так и работу по конструированию этой системы. Последнее является более предпочтительным, т.к. в каждом конкретном случае существуют некоторые отличия не только в значении связей, но и в возможном их сочетании в структуре.

Построенная обучающимся индивидуальная система отражает его представление о зависимостях индикаторов и позволяет уже на этапе конструирования системы глубже проникнуть в задачу управления, и, при необходимости, устранить ошибки.

Моделирование реакции на импульсное воздействие (т.е., по сути, на управляющее воздействие) позволяет оценить, прежде всего, характер воздействия и реакцию системы. А это дает основания для выбора наиболее эффективного решения при выбранной альтернативе развития.

Приведем, в качестве примера, сконструированную систему.

Пусть матрица связей системы имеет вид:

Матрица связей базовых показателей.

0	0	0	0	0	0	0	0	-0,2	0	0	0	0,2
0,3	0	0,4	0	0	0	0	0	0	0	0	0	0
0	0	0	0	0	0	0	0	0	0	0,6	0	0
0	0,4	0	0	0	0	0	0	0	0	0	0	0
0	0,2	0	0	0	0	0	0	0	0	0,7	0	0
0	0,4	0	0	0	0	0	0	0	0	0	0	0
0	0	0	0,5	0,5	0	0	0	0	0	0	0	0
0	0	0	0,3	0	0,4	0	0	0	0	0	0	0
0	0	0	0	0	0	0	0	0	0	0,8	0	0
0	0	0	0	0	0,4	0	0	0	0	0	0	0
0	0	0	0	0	0	0,5	0,3	0	0	0	0,2	0
0	0	0	0	0	0	0	0	0	0,5	0	0	0
0	0	0	0	0	0	0	0	0,2	0	0	0	0

Здесь номер строки и столбца соответствует номеру индикатора.

Тогда, моделируя воздействие на каждый из индикаторов, получаем следующие веса влияния на развитие образовательной структуры:

-1,38535	конкуренция
1,637734	сравнительные показатели
2,873978	задание учредителя
1,571053	учебная деятельность
3,394817	внеучебная деятельность
1,613516	формирование здоровья

3,223945	работа с кадрами
2,049889	оснащение оборудованием
3,485201	набор учеников
1,624983	обслуживание школы
3,267924	финансы
1,776546	подрядчики
1,698501	партнерство

Отметим, что:

1.   Судя по показателям весов влияния, школа находится в зоне эффективного менеджмента.

2.   Для эффективного развития необходимо активизировать работу по набору учеников (самый большой показатель).

3.   При этом, процесс привлечения учеников необходимо связать со внеучебной деятельностью, получением за счет этой активности дополнительных финансовых средств.

4.   Естественно, необходим поиск кадров для реализации этой работы.

Работа с кадрами усиливает финансовую состоятельность школы, повышает сравнительные показатели, т.е. удовлетворяет учредителя, усиливает учебную и внеучебную деятельность, усиливает партнерство. При этом понижаются показатели формирования здоровья, обслуживания школы и оснащения оборудованием. Приведем показатели весов влияния индикаторов в случае реализации стратегических задач управления:

-1,34198	конкуренция
1,598288	сравнительные показатели
2,70649	задание учредителя
1,570146	учебная деятельность
3,219776	внеучебная деятельность
1,599852	формирование здоровья
3,185474	работа с кадрами
2,047355	оснащение оборудованием
3,243088	набор учеников
1,620587	обслуживание школы
2,966232	финансы
1,776114	подрядчики
1,650816	партнерство

Действия руководителя после моделирования:

1.   Ставится задача замам по учебной и внеучебной работе.

2.   Выделяется конкретный человек, отвечающий за работу со СМИ и рекламу.

Таким образом, по результатам моделирования можно определить стратегические цели управления в текущей ситуации, и осуществить поэтапную разработку плана реализации поставленных задач.

Заметим, что оценка каждого плана реализации имеет свое интегрированное значение, причем большему интегрированному значению соответствует лучшее решение. А это означает, что можно сравнивать различные предложения по реализации и выбирать из них наиболее эффективные.

Литература:

1.   Горелов В.И. «Системное моделирование в социально-экономической сфере», М, Логос,2012.

Дуванская Н.А.
аспирант кафедры экономики института сферы обслуживания и
предпринимательства (филиала ДГТУ в г.Шахты)
Каращенко В.В.
к.э.н., доцент кафедры экономики

ПРОБЛЕМЫ ТРАНСФОРМАЦИИ БУХГАЛТЕРСКОЙ ОТЧЕТНОСТИ ИЗ РСБУ В МСФО

В России все компании составляют бухгалтерскую отчетность в соответствии с российскими стандартами бухгалтерского учета (РСБУ). Финансовую (бухгалтерскую) отчетность, подготовленную в соответствии с международными стандартами финансовой отчетности (МСФО), используют во всем мире. МСФО были официально признаны на территории Российской федерации. Законодательной основой принятия МСФО в России стал Федеральный закон от 27.07.10 №208-ФЗ «О консолидированной финансовой отчетности» [1]. В силу этого закона общественно значимые российские организации должны представлять и публиковать годовую консолидированную финансовую отчетность в соответствии с МСФО. В настоящее время ряд компаний (банки, страховые компании) обязаны готовить консолидированную отчетность по МСФО. Перечень данных компаний постоянно расширяется, и, начиная с 2015 года, консолидированную отчетность по МСФО должны будут готовить все компании, ценные бумаги которых обращаются на биржах. В последние годы многие российские компании и группы компаний, в добровольном порядке начали готовить отчетность по МСФО согласно запросам инвесторов, кредиторов, иностранных партнеров и других заинтересованных пользователей.

Западным инвесторам обычно не интересна отчетность, подготовленная в соответствии с РСБУ, поэтому компаниям приходится тратить колоссальные усилия и материальные ресурсы на то, чтобы перейти от традиционного бухгалтерского и налогового учета к учету по правилам МСФО. Одним из методов подготовки финансовой отчетности по МСФО является её трансформация. Этот метод получил достаточно широкое распространение в отечественной и зарубежной практике. В настоящее время трансформация представляет собой самостоятельное направление деятельности по обеспечению отчетности по МСФО, у которого есть свои проблемы.

Процесс трансформации отчётности в части финансовых инструментов в соответствии с МСФО весьма сложный и трудоемкий, что объясняется динамичным развитием финансового рынка, а также применением в отношении финансовых активов множества оценочных и прогнозных значений [2,14].

Общие проблемы организационного и методического характера при подготовке отчетности по МСФО для российских компаний систематизированы автором на рис.1.

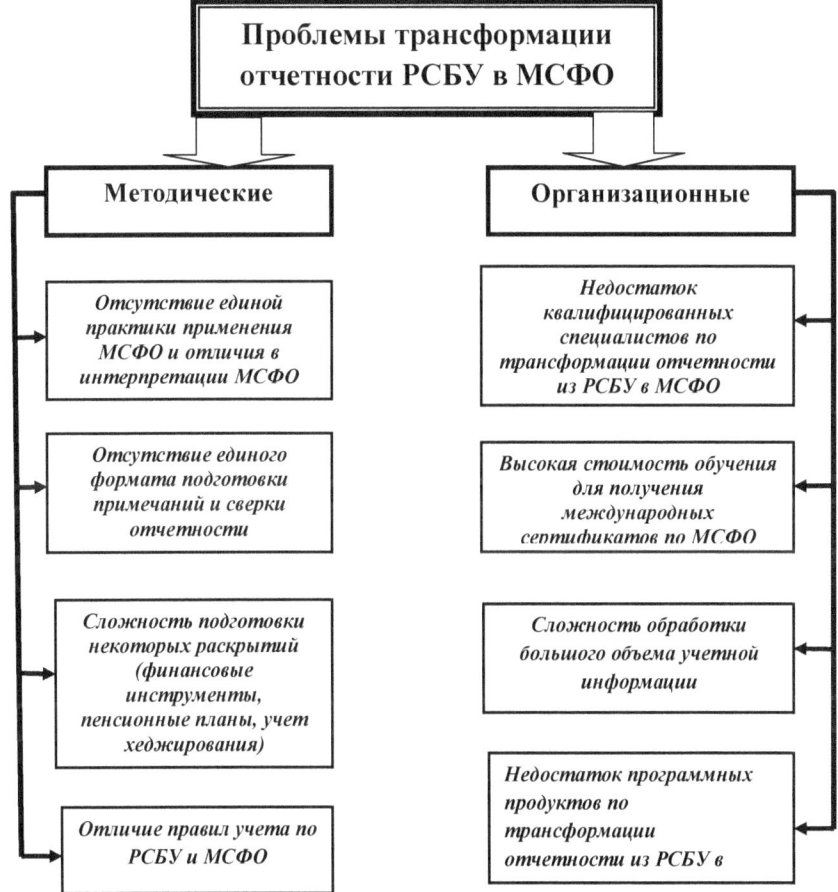

Рис.1 - Общие проблемы трансформации отчетности из РСБУ в МСФО

Среди проблем методического характера особо стоит выделить следующие:
– недостаток информации (сложность текстов стандартов). Причем сложными для понимания являются как оригинальные тексты стандартов, так и переведенные, введенные для применения российскими компаниями Минфином (ввиду их прямого перевода, без разъяснения новых для отечественных специалистов понятий);

– отсутствие обобщения и анализа положительной практики применения МСФО российскими компаниями, а также разъяснений и комментариев к стандартам Минфина и других компетентных органов;

Все эти проблемы могут негативно сказаться на качестве отчетности по МСФО, составляемой российскими компаниями, ставя под сомнение ее достоверность, что в свою очередь снижает инвестиционную привлекательность и конкурентоспособность российских предприятий.

Вот тут-то и возникают проблемы, которые компания подчас не может решить самостоятельно. Например, разные сроки сдачи отчетности по двум типам стандартов. Фирмы часто сталкиваются с тем, что на момент закрытия периода по МСФО некоторые документы еще не получены компанией. Отдельные понятия, предусмотренные в РСБУ, отсутствуют в западных стандартах финансовой отчетности, поэтому правильно перевести их на «иностранный манер» бывает непросто. Помимо прочего, фирме требуется рассчитывать резервы для целей МСФО, а определиться с методикой их формирования «новичку» достаточно проблематично. Вопрос же о том, как отражать в учете по МСФО данные российского учета по начислению и уплате налогов, можно назвать самым волнующим для отечественных бухгалтеров [3,7].

Выявление и изучение общих проблем трансформации отчетности из РСБУ в МСФ позволит российским компаниям учитывать опыт друг друга при подготовке отчетности по МСФО и избежать ряда схожих проблем.

Таким образом, решение проблем трансформации финансовой отчетности из РСБУ в МСФО может предоставить российским компаниям не только мощные средства совершенствования отчетности по МСФО, но и конкурентные преимущества, такие как: отражение результатов деятельности предприятия в более простой и реалистичной форме; возможность сравнения финансового положения предприятия с финансовым положением иностранных компаний, что дает лучшее восприятие со стороны иностранных партнеров; более совершенная система бухгалтерского учета, которая позволит принимать лучшие решения при ценообразовании.

Литература

1. Федеральный закон от 27.07.2010 №208-ФЗ «О консолидированной финансовой отчетности» (ред. от 04.11.2014)
2. Дуванская, Н.А. О сущности трансформации российской финансовой отчетности согласно МСФО / Н.А.Дуванская, В.В.Каращенко, С.А.Марьянова// Микроэкономика. – 2014. –№2 – С.11-16
3. Бреславцева, Н.А. Учёт финансовых инструментов и инвестиций в соответствии с МСФО и ПБУ: методологические проблемы и различия /Н.А.Бреславцева, В.В.Каращенко В.А., Проскурина, С.А.Марьянова// Международный бухгалтерский учёт. – 2014. - № 5.– С. 2-8.

Парахина В.Н.,

д.э.н., профессор, зав.кафедрой менеджмента, Северо-Кавказский
федеральный университет, г.Ставрополь, Россия

Спирянов Р.В.

студент магистратуры кафедры менеджмента, Северо-Кавказский
федеральный университет, г.Ставрополь, Россия

ВЗАИМОСВЯЗЬ СТРАТЕГИЧЕСКИХ РЕСУРСОВ, КЛЮЧЕВЫХ КОМПЕТЕНЦИЙ И КОНКУРЕНТОСПОСОБНОСТИ СТРОИТЕЛЬНОЙ КОМПАНИИ

Согласно разделяемой многими авторами позиции [1;2], отраженной в материалах Европейского форума по проблемам управления,– конкурентоспособность можно определить как «реальную и потенциальную возможность компаний в существующих для них условиях проектировать, изготовлять и сбывать товары, которые по ценовым и неценовым характеристикам более привлекательны для покупателей, чем товары их конкурентов».

Конкурентоспособность обеспечивают многие факторы, однако, по нашему мнению, основанному на изучении классической литературы по стратегическому менеджменту прочную конкурентную позицию компании обеспечивают ключевые компетенции и уровень прибыльности выше среднего по отрасли[3;4;5 и др.].

Ключевые компетенции, в свою очередь, определяются исходя из конкурентных возможностей и ресурсов компании и позволяют сформировать конкурентные преимущества. Цепочка формирования конкурентного преимущества представлена на рисунке 1.

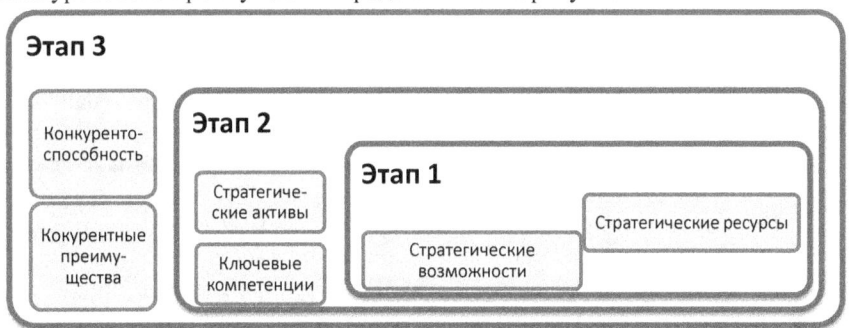

Рисунок 1 – Цепочка формирования конкурентного преимущества

Логика процесса включает в себя следующие этапы:

Этап 1: организация, обладая определенным уровнем ресурсов, развивает способности к деятельности, что сформирует возможность;

Этап 2: по мере приобретения опыта возможность трансформируется в компетенцию - совокупность навыков, знаний, ноу-хау, активов и технологий отдельных функциональных направлений;

Этап 3: уникальная компетенция создает основу для конкурентного преимущества, когда ее замечают потребители, что и формирует устойчивую конкурентоспособность компании

Анализ стратегических ресурсов и возможностей одной из ставропольских строительных компаний приведем в табличной форме (таблица) и наглядно представим на рисунке 2.

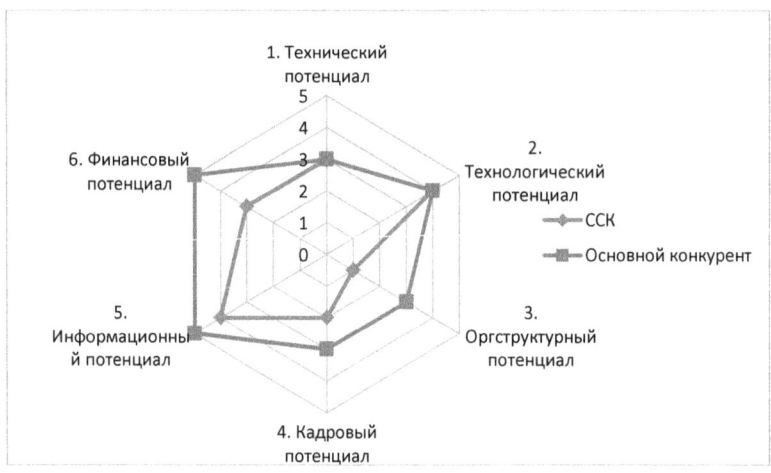

Рисунок 2 – Диаграмма оценки стратегических ресурсов ССК

Делая вывод о том, обладает ли строительная фирма ключевыми компетенциями уточним, что это - те виды деятельности (участки ее внутренней цепочки ценностей), в которых организация наиболее конкурентоспособна или является лидером. Если ключевые компетенции отсутствуют, компания очень редко добивается конкурентных преимуществ. в особенности длительное время.

Если судить по самооценке достоинств фирмы ее руководителями, то она обладает ключевыми компетенциями в области производства (техника и технологии), и имеет возможность производить продукцию более высокого качества относительно конкурентов (индивидуальные отличия связаны с относительной прочностью конструкций, использовании современных строительных материалов, дизайнерских проработках индивидуального внешнего вида дома и его отделки), то есть является лидером в области производства.

Таблица – Анализ стратегических ресурсов и возможностей ССК

Составляющая ресурса	Состояние, абсолютная оценка	Оценка относительно конкурентов	Выводы о рыночных возможностях	Рекомендации
1. Техника	Техника - современная, с износом меньше 33%, загрузкой по мощности на 66 %. Оценка 3 балла.	По указанному параметру не превышает показатели исследуемой строительной компании	Имеются свободные ресурсы (неполное использование строительной техники).	Свободную строительную технику целесообразно продать или сдавать в аренду. Обновления техника не требует.
2. Технология	Фирма использует современные технологии. Оценка - 4 балла	Для отрасли в целом характерен средний уровень технологического развития основных фирм конкурентов - тоже. Оценка - 4 балла.	Оптимальные отчисления исследуемой фирмы составляют 10-12 % от прибыли. Реально - 10,5%, что, в принципе, достаточно.	В отрасли происходят технологические изменения в области отделки, куда и следует направить средства на исследования и разработки.
3. Организация и управление	Орг.структура - линейно-функциональная, что не соответствует постоянно меняющимся проектам фирмы. Доля АУП - более 20%, что также говорит о недостатках в управлении (в среднем по отрасли - менее 15%). Оценка - 1 балл.	Конкурент использует элементы проектной структуры. Оценка -3 балла.	Целесообразно совершенствование системы управления предприятием, что повысит адаптивность фирмы.	Необходимо использование проектной структуры и сокращение АУП.
4. Кадры	Фирма обладает недостаточно высоким уровнем квалификации сотрудников. Оценка - 2 балла.	Уровень квалификации работников фирмы, но есть возможности повышения квалификации Оценка - 3 балла.	Основной стратегией является дифференциация по качеству, поэтому недостаточный уровень квалификации является серьезным недостатком.	Необходимо предусмотреть образовательную программу для сотрудников с целью повышения уровня их квалификации.
5. Коммуникации	Имеются авторитет в деловых кругах, репутация фирмы достаточно высока. Оценка равна 4 баллам.	Репутация в деловых кругах также высока, конкурент выигрывает больше торгов и тендеров. Оценка - 5 баллов.	Репутация строительной фирмы является во многом решающим фактором. Необходимо ее поддерживать .	Очень важно для фирмы сохранить их на должном уровне репутацию и по возможности - усилить.
6. Финансовый потенциал	Финансовая устойчивость недостаточно высока. Оценка - 3 балла.	Для фирмы конкурента характерна высокая финансовая устойчивость, эффективное использование собственных и заемных средств. . Оценка - 5 баллов.	Финансовая устойчивость некритичный фактор, т.к. фирме банкротство не грозит.	Инвестиционные потребности не высоки. В краткосрочной перспективе -надо сохранять свою рыночную нишу. В долгосрочной - возможен уход в более выгодные сферы строительной деятельности или из отрасли совсем.

Для роста конкурентоспособности строительных организаций также им необходимо преодолевать и общие проблемы отрасли, такие как: смешение функций контроля собственности и контроля за ведением бизнеса; финансовые ограничения в процессе адаптации к новым условиям; утрата в значительной мере научно-технического потенциала строительного сектора; массовая «капитализация» доходов от строительной деятельности за пределами предприятия и перевод значительной части их деятельности в «тень» (до 35 % от объема строительно-монтажных работ); недостаточная мотивация к саморазвитию; доминирование производственно-финансовой, а не инновационно-предпринимательской стратегии и др.

Литература

1. А.Н. Асаул, Х. С. Абаев, Д. А. Гордеев. Оценка конкурентных позиций субъектов предпринимательской деятельности/ под ред. д.э.н, профессора, А. Н. Асаула – СПб: АНО «ИПЭВ», -2007. – 271с.

2. Арутюнова Д.В. Стратегический менеджмент. Учебное пособие. Таганрог: Изд-во ТТИ ЮФУ, 2010. – 122 с.

3. Томпсон А. А., Стрикленд А. Д. Стратегический менеджмент. Искусство разработки и реализации стратегии: Учебник для вузов. Пер. с англ. Под ред. Л. Г. Зайцева, М. И. Соколовой. – М.: Банки и биржи, ЮНИТИ, 2010.

4. Парахина В.Н., Ушвицкий Л.И., Филиппова Т.А. Оценка конкурентных позиций промышленного предприятия [Текст] // Вестник Северо-Кавказского федерального университета. — 2012. — № 2 (31). — С. 236-241.

5. Парахина В.Н., Слепаков С. С., Филиппова Т. А. Стратегическое развитие конкурентных позиций промышленных предприятий [Текст]: монография. – Ставрополь: ИИЦ "Фабула", 2011.

Гоманова Т.К.
доцент, канд. экон. наук,
доцент кафедры финансов и кредита,
Сибирский институт управления - филиал
Российской академии народного хозяйства и государственной
службы при Президенте Российской Федерации,
Лукьянова З.А.
доцент, канд. экон. наук,
доцент кафедры финансов,
Новосибирский государственный университет
экономики и управления

СОВРЕМЕННЫЙ ПОДХОД К ОЦЕНКЕ РЕГИОНАЛЬНОГО ФИНАНСОВОГО ПОТЕНЦИАЛА

Проблемы формирования и развития территорий приобрели особую актуальность в процессе решения вопросов социальной политики, развития новых технологий, требующих модернизации и технологического обновления всей производственной сферы в России. Положительная динамика основных социально-экономических показателей развития региона непосредственно влияет на улучшение благосостояния населения и позитивно влияет на состояние регионального бюджета [4, 73].

Это состояние определяется многочисленными экзогенными (внешними) и эндогенными (внутренними) факторами.

К экзогенным факторам относятся:
- макроэкономические условия региона;
- географическое положение;
- отраслевая направленность;
- природные ресурсы и т.д.

К эндогенным факторам относятся:
- состав и структура местных администраций;
- методы регионального управления.

С каждым годом все большую актуальность приобретает поиск дополнительных источников финансирования, которые дают основу для эффективного функционирования отдельных регионов и хозяйствующих субъектов. Возможности развития региона определяются его развитой инфраструктурой и наличием необходимых финансовых ресурсов [1, 57; 6, 359].

Основой региональных финансов является финансовый потенциал, который позволяет сравнить различные регионы по их возможностям, оценить эффективность региональных финансов и разработать эффективную экономическую, социальную и финансовую политику государства.

Развитие региона может осуществляться за счет финансовых ресурсов, часть которых представляет финансовый потенциал. В экономической литературе нет единого понятия «финансовый потенциал», что затрудняет поиск возможных резервов из-за различных трактовок. Финансовый потенциал включает не только финансовые ресурсы, располагаемые регионом в текущем периоде, но и привлеченные финансовые ресурсы для выполнения функций регионального уровня и зависит от различных видов ресурсов, независимо от их использования [5, 173].

Понятие «потенциал» означает систему скрытых возможностей развития территорий, которые могут быть реализованы в условиях практической деятельности. Целью формирования финансового потенциала является обеспечение стабильного развития региона. Финансовый потенциал региона – это максимальный объем финансовых ресурсов, который используется для обеспечения стабильного развития региональной экономики. Особая роль в развитии регионов принадлежит неиспользованному финансовому потенциалу.

Показатель «финансовый потенциал региона» является достаточно общим понятием, которое представляет собой совокупность имеющихся возможностей отдельных территориальных единиц. Наличие максимальных финансовых возможностей позволяет сгладить неравномерное развитие регионов и эффективно функционировать их экономике. Это способствует развитию приоритетных отраслей региона путем реализации инвестиционных проектов.

Финансовый потенциал определяется объемом привлеченных и размещенных финансовых ресурсов и характеризуется реальными возможностями его использования по различным направлениям [4, 91; 6, 358].

Под «неиспользованным финансовым потенциалом» подразумеваются резервы и потенциальные финансовые возможности территории. Для количественного определения «неиспользованного потенциала» представляется возможным использование сравнительного анализа. При его проведении широко используются методы рейтинговой оценки.

Приоритетным направлением деятельности региональных органов власти и местного самоуправления совместно с кредитными организациями является создание условий для развития предпринимательства в регионах. С этой целью необходимо обеспечить им льготные условия развития, в первую очередь, финансирование инфраструктурных проектов (социальное жилье, объекты электроэнергетики, транспортные сети), вводить налоговые льготы для малого и среднего бизнеса [2, 166; 3, 52].

Наиболее значимыми факторами ускоренного развития территорий и повышения эффективности использования финансовых ресурсов являются:

- расширение взаимодействия в сфере совместного финансирования инвестиционных проектов по развитию экономики территорий, что создаст основу для экономического роста региона, получению дополнительных финансовых ресурсов и одновременно обеспечит решение проблемы занятости населения;

- выбор стратегически значимых проектов может осуществляться на основе грантового финансирования на конкурсной основе.

Региональные показатели социально-экономического развития и территориальной активности во многом определяют перспективы развития тех или иных регионов, что позволяет создавать предпосылки для привлечения инвестиций, выхода из экономических кризисных ситуаций, повышения уровня жизни населения, снижения числа дотационных регионов. Большую роль при этом играет финансовый потенциал для дотационных территорий, где незначительный размер финансового потенциала обусловлен следующими причинами:

- особенности природно-климатических условий территории;

- неразвитость инфраструктуры;

- уровень развития современных технологий и достижений.

Рост финансового потенциала обеспечивает в будущем снижение своей зависимости от дотаций вышестоящих уровней бюджетной системы и выполнение задач социально-экономического развития. Использование финансово-кредитных рычагов и потенциальных финансовых резервов способствует повышению эффективности и результативности проводимой финансовой политики в регионах, развитию региональной экономики и увеличению ее социальной значимости.

Литература (источники)

1. Банковское дело: учеб. пособие / А. В. Гришанова ; РАНХиГС. Сиб. ин-т упр. – Новосибирск : Изд-во СибАГС, 2014. – 155 с.

2. Гурунян Т. В., Щербина О. Ю. Инфраструктура поддержки в системе «инвестиционно-инновационного лифта» для малого и среднего предпринимательства / Т. В. Гурунян, О. Ю. Щербина / Российское предпринимательство. – 2013.- №24 (246). – С. 166-174.

3. Отраслевые финансы: учеб. пособие / З. А. Лукьянова, Т. К, Гоманова - Новосибирск: СибАГС, 2006.- 192 с.

4. Т.К. Гоманова, З.А. Лукьянова. Кредитный рынок: региональный аспект. – Уфа: Издательство «Инфинити», 2013. – 152 с.

5. Толкачева Н.А. Поговорим о том, что такое «налоговый потенциал» // Российское предпринимательство. 2010. № 12. Вып. 1-й. С. 173.

6. Щербина О. Ю. Финансовый рынок: концепции перспектив развития / Экономические науки. 2010. № 62. С. 355-360.

Yakushenko K.V., Khramets A.P.

Yakushenko Kseniya Valentinovna – PhD, Associate Professor, Department of World Economy, Belarus State Economic University, Republic of Belarus, Minsk, Yakush.K.V@mail.ru

Khramets Alena Petrovna – student, Belarus State Economic University, Republic of Belarus, Minsk, alenakhramets@gmail.com

THE DEVELOPMENT OF THE MARKET OF PRINT MEDIA IN THE REPUBLIC OF BELARUS

The information market in the Republic of Belarus is characterized by the following trends: a mass increase of audience capacity; strong influence of the product created by foreign media companies; decrease of mass creating segmented and diversified audience; conglomeration manifested in mergers and buyouts acquisitions. However, such processes of the information market development are still not as so prevalent common in Belarus.

Such a situation is influenced by some objective reasons.

The first reason is the narrowness of the Belarusian information market because of the small size of the country. Thus, the information field of the republic as of October 1, 2014 is presented by 1,572 printed periodicals, 9 news agencies, 93 television programs, 172 radio programs, 439 publishing offices [1]. Secondly, after the collapse of the Soviet Union, Belarus had a disadvantage in the availability of material and human resources in the field of information compared with the closest partner and neighbor – Russia. Even back in the USSR on the territory of modern Russia there has been created a powerful infrastructure covering with TV- and radiosignals almost the entire country, which helped it to become a serious competitor in the industry of print and electronic media. Belarus had to increase the economic potential of the industry almost from the peripheral level in a relatively short period of time. Also the situation in the Belarusian media market is not comparable with the one of highly developed countries, which are much more advanced in the development of these industries even compared to Russia.

These reasons are the prerequisites for the emergence and other issues affecting the modern development of the information market, both within the country and abroad. However, it is appropriate to carry out their review only in the case of the treatment of statistical data, in particular, let us consider the development of the print media.

It should be noted that the government builds relationship with the media and publisher's organizations in accordance with the Constitution of the Republic of Belarus, and the current legislation on the press. The media established in the Republic of Belarus, as well as foreign media related to the activities on the territory of the Republic of Belarus is governed by the Law of

Belarus «On mass media» dated July 17, 2008 (as amended by 12 December 2013) [2].

Currently, the significant growth in the print media does not occur because of saturation of the newspaper and magazine market. It is not an easy task to find an unoccupied niche in the information field, especially for daily newspapers. Moreover, with the development of electronic media and the appearance of online publications on the Internet, the press of course lost its monopoly as the universal translator of operative news information. Over the past ten years, we can only note the increase in the number of registered journals, mainly due to the non-government media. However, existing publications increase or remain at the same level and one-time annual circulation [3] (Figure 1, 2).

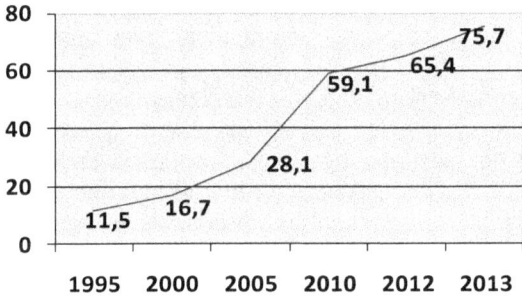

Figure 1 – Annual circulation of magazines and other periodicals (including collections and bulletins periodically), mln. copies. [3]

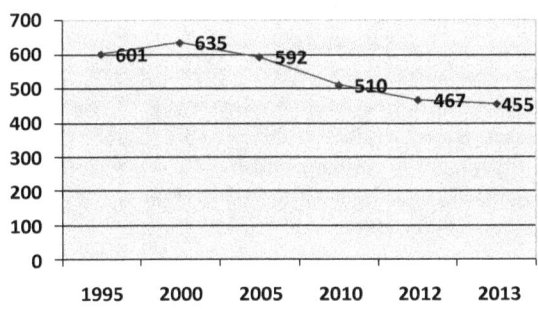

Figure 2 – The annual circulation of newspapers, mln. copies [3]

At the present stage, the state continues to support socially significant periodicals, what is a worldwide practice (for example, in France were created three state fund in order to support regional and local press, whose revenues from advertising is less than 25% of their total revenue [4], China has introduced a two-tier management system: on the one hand, for editors and publishers there has been retained the status of state institutions while maintaining public funding in smaller quantities, on the other hand - they were allowed to operate as a commercial enterprise [5]). Financial subsidies to editions of 29 children, youth, literary, artistic and cultural, educational, specialized, and number of socio-political publications are allocated from the state budget through the Ministry of Information.

Real wages in Belarus in the field of publishing and printing activities as well as services in this area in January-September 2014 compared to the same period last year increased by 8,5 and 3,6 % accordingly [1].

Thus, in order to ensure the efficient activity in public sphere of print and electronic media, the Ministry of Information realizes objectives of the Program of development of the press and media industry for 2011−2015, namely

− Targeted implementation of state information policy in the field of the print media;

− Improving information saturation of state print media;

− Professional development of enlightenment of topical issues, phenomena and events of socio-political, socio-economic and cultural life, promotion of highly qualified journalistic and editorial staff, that will be able to creatively solve problems of high-level public policy and ideology.

These objectives of the Program help to purposefully carry out the establishment of a highly efficient mechanism of state regulation on individual segments of the information market. However, there are still not enough solutions to certain problems of the development on the information market segments in comparison with world figures in this area, since their performance is affected by several factors: legal, economic, organizational and others.

Literature:

1. Министерство информации Республики Беларусь. − Режим доступа: http: //www.mininform.gov.by. − Дата доступа: 15.02.2015.
2. О средствах массовой информации. − Режим доступа: http://www.pravo.by/main.aspx?guid=3871&p0=h10800427&p2=%7BNRP A%7D. − Дата доступа: 30.05.2007.
3. Выпуск книг и брошюр, журналов и газет. − Режим доступа: http://belstat.gov.by/ofitsialnaya-statistika/otrasli-statistiki/naselenie/kultura/godovye-dannye_10/vypusk-knig-i-broshyur-zhurnalov-i-gazet. − Дата доступа: 12.12.2014.
4. Мартынов Д.В. Рынок печатных СМИ в России и в мире. Москва: Вершина, 2006. − 320 с.; ил.
5. Энциклопедия мировой индустрии СМИ: учеб. пособ. для студентов ВУЗов / Под ред. Е.Л. Вартановой. − М.: АспектПресс, 2006. − 376 с.

Yakushenko K.V., Bondarchik A.V., Andraloits A.J.

Yakushenko Kseniya Valentinovna – PhD, Associate Professor, Department of World Economy, Belarus State Economic University, Republic of Belarus, Minsk, Yakush.K.V@mail.ru

Bondarchik Anna Vladimirovna – student, Belarus State Economic University, Republic of Belarus, Minsk, anna_bondarchik@mail.ru

Andraloits Aliona Jurjevna – student, Belarus State Economic University, Republic of Belarus, Minsk, alenka.andraloit@yandex.by

THE QUALITY MANAGEMENT SYSTEM HACCP: OPPORTUNITIES FOR BELARUS

Due to intensification of globalization, integration processes between Belarus and post-Soviet countries, intensification of economic cooperation with the countries of Western Europe, preparation for the entry into WTO and many other factors, it is of great value to accelerate economic growth and develop new foreign markets for Belarusian food products and improve their quality.

The modern way of solving the problem of quality is introduction of the quality management system HACCP to Belarusian companies of food industry.

Hazard analysis and critical control points (HACCP) is a systematic preventive approach to food safety from biological, chemical, and physical hazards in production processes. Thus, in order to reduce these risks to a safe level, the emphasis is placed on critical control points.

The HACCP system can be used at all stages of a food chain, from food production and preparation processes including packaging, distribution, etc.

Basic principles of HACCP:

- analysis of hazards through the process of identification of risks (physical, chemical, radiological, microbiological, etc.) and the level of danger at all stages of the production cycle;

- identification of critical control points;

- setting critical limits for each critical control point;

- development of a monitoring system that allows to maintain control of critical points;

- determination of corrective actions to be taken when monitoring results indicate lack of control in a particular critical control point;

- development of verification procedures to confirm the effectiveness of the HACCP system;

- development of documentation for all procedures and records corresponding HACCP principles and their application [1].

The main idea of the HACCP system is to divide the production process into blocks and establish control over all stages of manufacturing. Thus, at the final step of manufacturing process this risk to get a defective product equals almost zero.

The fundamental difference between HACCP and the traditional system of food safety control.

Earlier, when checking the separate samples of finished products the probability that a security threat is detected in one of the samples was very small. And even if the problem is identified, there are difficulties with the determination of the person who is responsible for this fault. When the HACCP system is functioning effectively in the company, the control is carried out continuously. Thus, it is much easier to understand at which step a problem appeared.

Costs of the HACCP system depends on the state of the enterprise, building, equipment. If all this is in good condition, the introduction of the HACCP system will be cheaper. It is sufficient for the company to pay the cost of consulting and international certificate. In South-East Europe, it may cost 3-10 thousand Euros. The process of implementation of HACCP is rather long and usually takes from 6 months to 2 years. In the EU investments in the development and implementation of HACCP are usually returned within 2-3 years, even in the case of significant works on equipment of the company [2].

Disadvantages of the HACCP system: long implementation process; considerable costs of consulting and certification; staff training costs; expenses on the modernization of the enterprise.

Advantages of the HACCP system: lower costs of defects and withdrawals of production; lower risks of producing and selling unsafe products; larger opportunities of entering new markets and succeeding in the current export markets; growing competitiveness of the products; unequivocal definition of responsibility for food safety; more economical use of resources; providing high quality on which company's reputation depends; training of company's staff and, as a consequence, increased efficiency and productivity.

Implementation of the HACCP system in the Republic of Belarus

Modern systems of quality management ISO 9001 had been implemented by 2651 organizations in the Republic of Belarus by the 1st of January 2013. Certification for food quality management system is based on the principles of HACCP. Nowadays more than 280 organizations have such documents. To increase competitiveness of the products, companies also certify their products in accordance with safety management system ISO 22000 [3].

The technical regulations of the Customs Union "On food safety" (TR CU 021/2011) entered into force in the Republic of Belarus. From the 15th of February 2015 the HACCP system is obligatory for food producers. [4].

There many successful examples of implementation of the HACCP system in Belarusian enterprises. Such companies as "Красный Мозырянин", "Беллакт", "Савушкин продукт" were among the first who received the HACCP system certificates.

"Беллакт" managed to improve productivity considerably at the most important production cycles: reception of raw materials, condensation and drying of milk. To implement the HACCP system in the company "Красный Мозырянин", large-scale reconstruction at the total sum of 1.5 million dollars was conducted [5].

On June 2010 the International Finance Corporation (IFC) launched the program «Safety of food production in the Republic of Belarus».

Thus, in spite of arising difficulties, the implementation of the HACCP system is reasonable from the economic point of view. For Belarusian companies it is an additional opportunity to enter new foreign markets, increase competitiveness and maintain image of Belarusian products in the domestic and foreign markets.

Literature:

1. Управление качеством и безопасностью пищевых продуктов на основе анализ рисков и критических контрольных точек: СТБ 1470-2004. – 30.06.2004. – Minsk: Belarusian State Institute of Standardization and Certification, 2004. – 19 p.

2. Эксперт IFC Гордана Ристич: Внедрение систем менеджмента безопасности пищевых продуктов выгодно и государству, и производителям // Belarusian economic portal [Electronic resource]. – Minsk, 2013. – Mode of access: http://www.ekonomika.by/?option=com_content&catid=170&id=18094&view=article&Itemid=359&fontstyle=f-larger. – Date of access: 09.02.2015.

3. Системы менеджмента качества по ISO 9001 в Беларуси действуют в 2651 организации // Белорусское телеграфное агенство [Electronic resource]. – Minsk, 2013. – Mode of access: http://www.belta.by/ru/all_news/economics/Sistemy-menedzhmenta-kachestva-po-ISO-9001-v-Belarusi-dejstvujut-v-2651-organizatsii_i_624425.html. – Date of access: 07.02.2015.

4. Technical Regulations of the Customs Union «О безопасности пищевой продукции»: ТР ТС 021 – 2011. – 09.12.2011. – The Commission of the Customs Union, 2011. – 242 p.

5. Кухаренко, Л. Знакомьтесь – ХАССП / Л. Кухаренко // Экономическая газета. – 2005. – 25 Feb. – Р. 20.

Yakushenko K.V., Semak A.V.

Yakushenko Kseniya Valentinovna – PhD, Associate Professor, Department of World Economy, Belarus State Economic University, Republic of Belarus, Minsk, Yakush.K.V@mail.ru

Semak Aliaksandr Valentinovich – student, Belarus State University, Republic of Belarus, Minsk, Semak.182@mail.ru

PROBLEMS OF ECONOMIC GROWTH IN JAPAN

This paper discusses the current problems of economic growth in Japan. The central problem of macroeconomics are unemployment, inflation, economic growth, macroeconomic equilibrium. For economic growth is necessary to solve three other problems. Economic growth is the most important characteristic of the national economy in any economic system. Economic growth means that for a certain period of time (a month, a year, 5 years) solves the problem of efficient use of limited resources and the greatest possible satisfaction of the needs of society. Modern economic growth is a development in which the long-term sustainable growth in production exceeds the rate of population growth [1].

Japan – an island nation in East Asia, which has no natural resources, suffered after World War II and the atomic bombings, is exposed to various natural and man-made disasters (earthquake, tsunami, nuclear accident). That is why it is interesting to analyze how solves the problem of economic growth, the Japanese government.

Assessment of the economic growth of Japan. Few decades, Japan's economy grew very rapidly: in the 50's and 70's – up to 10% per year. The slowdown began in the 90's and growth stopped after the global financial crisis of 2008–2009 [2]. To understand the current situation in the Japanese economy will calculate real GDP and per capita GDP of Japan. To calculate the index of the first take nominal GDP and the GDP deflator Japan. We see that from 2012 the GDP falls sharply, although real GDP is higher than the nominal, indicating deflation. The second indicator of high – an average of more than 30 thousand. Dollars per person. However, after 2012 it drops sharply. But Japan is still among the top twenty countries of the highest GDP per capita (17th place according to the UN). Another important macroeconomic indicator is the rate of economic growth. Japan's economic growth rate for 2011 was 0,6% for 2012 and 2013 – by 2.0%. On average, the rate in developed countries was approximately 1,3%. Hence Japan index was at a good level.

Growth factors. Now consider the factors *positively* affected the economic growth of Japan:

1. Works 52% of the population, the unemployment rate of 4%, the level of skills of workers are among the highest in the world. Also on the economic growth affects national traditions (long time - 58 hours per week, a low

proportion of labor costs in the cost of production - only 11%, diligence, discipline) [4].

2. Domestic investment for 2013 amounted to 20.6% of GDP (6.9% in the world) [4].

3. High level of technology. In Japan, a lot of attention paid to science and education. Created a lot of public and private research centers. Everyone is familiar with high-tech products "Toyota Motors", "Sony Corporation", "Honda Motors", "Toshiba".

4. High level of management. Widely known in the world of Japanese management system has received (quality circles, just-in-time, confidence, support of cleanliness and order).

There is also the factors *adversely affecting* economic growth:

1. Lack of natural resources (provision GDP own resources only 1%).

2. The aging of the population. Shrinking workforce and older people more difficult to master new technologies.

3. Heavy reliance on foreign trade. All fluctuations in the global market strongly reflected in the Japanese economy.

4. Natural disasters and man-made disasters.

Government policies to stimulate economic growth in Japan. To stimulate economic growth governments of different countries use two types of policies.

Fiscal (fiscal) policy. Based on the data presented above, we can see a sharp drop in GDP in 2011. The consequence of the economic crisis became an earthquake, tsunami and nuclear accident, "Fukushima-1". There was an acute shortage of energy, food, building materials. As a result, for the first time Japan had a deficit in foreign trade estimates for the last 15 years. In 2011, there was a situation of dual deficit: balance of payments deficit on current account and government deficits. This situation demanded decisive action. At the end of 2012, came to power, Prime Minister Shinzo Abe. Before him, the government pursued a liberal policy. Abe has a policy of neo-liberalism in conjunction with neokeysianstvom. His program was called "Abenomics." It is challenging. The calculation is done on demand multiplier. In 2013, the budget has been allocated 920 billion. Dollars for the construction and development of infrastructure, and in 2014 even more. However, the government deliberately increases the budget deficit. In 2013, abolished the tax on the purchase of cars. Entrepreneurs are allowed to deduct from income tax of 10% in exchange for a 5% increase in wages to the workers. Raised the tax rate on inheritance, but it decreases if a person older than 60 years are beginning to spend their savings to heirs. This is done to stareniyuschee population and its accumulation become a positive factor for economic growth. In 2014, sales tax was increased from 5% to 8%. In 2014−2015,. was carried out some tightening of fiscal policy. Since January 2015 the income tax on the richest increased from 40% to 50%. At the same time introduced tax incentives for entrepreneurs conducting modernization of enterprises [5].

Monetary policy. In 2013, monetary policy was called "aggressive." Japan's central bank kept the discount rate close to zero, actively funded private banks, that is pumped money into the economy, namely pursued a policy of "cheap money". To eliminate the budget deficit, which arose as a result of stimulating fiscal policy, the central bank of Japan itself redeemed government bonds. Bank kept inflation at 2%.Abe's government has developed a policy of economic growth: 10 years GDP growth rate of 3% per year, for which 10% will be increased by the amount of investment. This policy was needed to overcome the economic stagnation. However, such a policy many risks.

1. Dependence of the Central Bank. When this policy is very difficult to keep inflation in check. There may be a chance that the money will be put not on the modernization of enterprises, and on speculative trading and buying government bonds.

2. The problem of tax reform. In Japan, for about 15 years did not change taxes. The government could not spend the rest of the reform of the protests of the people. Completion of this reform was postponed for two years, and the public debt and budget deficit grows.

3. The combination of the two divergent economic policies. On the one hand, the extension of state influence in the economy through the financing of construction and the infusion of money into the banks that caused the debt equal to 100% of GDP.

On the other hand, the liberal reforms. Privatization of state enterprises, the transition from small family farms to large private enterprises, labor market reform, the transition of lifetime employment to the European labor market type involving migrants.

On the example of Japan can be seen that the output of the economic crisis and the need to achieve economic growth and solidarity of the people support the reforms of the state. Since economic growth requires sacrifice. For example, in Japan destroyed the tradition of the labor market, agriculture and reformed the tax system. But maybe these traditions destruction can lead to an economic breakthrough in Japan.

Literature:

1. Фролова Т.А. Экономическая теория: конспект лекций. – Таганрог. – 2009.

2. Экономика Японии. Этапы развития японской экономики. – Режим доступа: http://www.ereport.ru/articles/weconomy/japan.htm. – Дата доступа: 11.12.2014.

3. Экономика Японии . – Режим доступа: http://www.ereport.ru/stat.php?razdel=country&count=japan. – Дата доступа: 11.12.2014.

5. Новый курс экономической политики Японии. – Режим доступа: http://www.webeconomy.ru/index.php?page=cat&cat=mcat&&m-cat=155&type=news&newsid=1890. – Дата доступа: 20.01.2015.

Semak E.A.

Semak Helena Adolfovna – PhD, Associate Professor, Department of World Economic Relation, Belarus State University, Republic of Belarus, Minsk
Semak9@gmail.com

BARRIERS OF DISINTEGRATION OF THE EURASIAN ECONOMIC UNION (EAEC)

International experience shows that a key objective of genuine integration is to create a single space, which must be sealed with strong, not only economic but also social and cultural ties and covered with a shield of security. Effective integration leads to a mutually acceptable to all participants the mechanism of regulation of the process of free movement of goods, services, labor and capital and makes it possible to maximize the mobilization of all resources and the redistribution of income while maintaining a certain degree of sovereignty of participating countries.

Until the mid-90's integration of the former Soviet Union carried out solely on the basis of structures created in 1991, the Commonwealth of Independent States, already in 1994 began a new stage in its development. This year was awarded "Central Asian Union" Kazakhstan, Kyrgyzstan and Uzbekistan. In 1996, having two interstate associations: the Customs Union of Russia, Belarus, Kazakhstan and Kyrgyzstan, and the Union State, members of which are Russia and Belarus. As a result of the former Soviet Union was formed multilevel integration system consisting of CIS-1, the CIS-12, the above-mentioned groups within it and, in addition, a number of other multilateral and bilateral agreements between the members of the CIS. In the future, the system is constantly changing, and, according to many researchers, the trend of integration and disintegration are constantly replaced each other [1, p. 43].

The main feature of the economic space of the EAEC is to form within it two interdependent economic spaces that have a different meaning for the future of regional integration. It is about the space of the Union State of Russia and Belarus and the space formed states of Central Asia (Kazakhstan, Kyrgyzstan and Tajikistan), or conditional on the "European" and "Asian" fragments of a common space of the Eurasian Economic Community. Integration of data fragments within the Community has been slow. From 1 January 2010 the Customs Union started to work in the only three states ready for this - Belarus, Kazakhstan and Russia. On January 1, 2012 began the practical phase of the already EEA, and in 2015 it should reach full operation. At the same time to provide full-scale operation of the EAEC to the end of 2015 is necessary to take a further 55 international treaties and other documents to the development of basic agreements, and governments of the countries to enforce 74-mandatory measures for the EEA agreements in accordance with the specific terms in them. In the context of the EAEC, among other things will operate common mechanisms of regulation of trade, to conduct a coordinated fiscal, monetary, financial and monetary policy [2].

Based on the foregoing it EAEC is the most promising region in terms of the integration processes which operate not only on the written agreements, but also de facto. It is therefore advisable to consider in the first place prospects of integration in this space.

In our opinion, in the most general form of barriers to the development of integration within the EEA can be divided into three groups: political, macroeconomic, institutional.

Political barriers to the development of integration processes in the EAEC. Countries involved in the integration processes have to take steps to harmonize social and political development model, partially abandoning national specifics. Objectively arising from this contradiction between national and international, are exacerbated in countries with economies in transition due to increased sensitivity of nations in the period of radical change in the political structure of the state, historical choice of development path to external influences, the international obligations that limit their independence. [3]. Ironically, it is the status of post-Soviet states could not but lead to the perception of integration as a real threat "absorption" a strong partner, and loss of effective control over the country, and ego-rents, and that the leaders of the newly independent states sought to avoid at all costs. In this respect, the proximity of the post-Soviet countries, paradoxically, was a barrier to integration; if the degree of interdependence of the post-Soviet economies and societies was lower and the independence of States, no doubt, would be perceived as self-evident and the general public and the elite and the population and the elite of neighboring countries, the threat of "absorption" would be perceived as less important, and then co-operation would be carried out intensively.

Barriers caused by macroeconomic patterns. In modern economic literature, the authors describe a set of prerequisites for successful regional integration. One of the most important conditions – countries must have similar levels of economic development and maturity of the market economy. Their economic mechanisms must be compatible. As a rule, the integration is the most durable and effective if integrated into the developed countries. And if EAEC meets the first highlighted item, it completely contradicts the second. In other words, the macro-economic characteristics of the countries are about the same level that allows for regional integration; however, contradict the parameters characteristic of the advanced economies, which is a barrier that reduces the effectiveness of integration.

Unbiased macroeconomic statistics show a sharp slowdown in trade within the Customs Union: really impressive growth of the first two years of existence of the association came to nothing in 2012, when the increase was insignificant fraction of a percent. Thereby decreasing the motivation to integrate Russian partners in the Customs Union [4] – that is a barrier to motivation.

Barriers to the establishment and protection of property rights on the whole of the EEA. Significant barrier to the internationalization of business in the EAEC is incomplete in the constitution of property relations: maintaining unreasonably high proportion of state-owned property rights to the fluctuation of specific assets. None of the countries EAEC not passed in the process of property relations peculiar "point of no return", securing legislative inability to review the results of privatization in the past years. No less important is the lack of real economic elite in the EAEC, the legitimacy of such political elites of these countries [3].

Barriers transactions. Among the temporary barriers to integration can point to:• Using the countries EPES protectionist measures aimed at protecting the national competitive industries.• Lack of a regional system of mutual settlements, recognized means of payment acceptable to the EAEC countries and competitive in relation to global peers.• Institutional barriers faced by countries in the EEA in the way of business expansion, increase the cost of its maintenance in other countries by the amount of specific costs related to risk and additional cost of funds on entering the markets of other countries participating in the agreement, and hold them to their positions.

In countries EAEC formed different business environment, with a very low level of unification, uniformity values of the most important parameters characterizing the degree of a favorable climate for business development, such as the order and timing of the establishment, registration and liquidation of companies, getting credit, enforcing contracts, etc.

Literature:

1. Волков, С. Особенности экономической интеграции на постсоветском пространстве / С. Волков, И. Кокушкина // Евразийская интеграция: экономика, право, политика. – 2012. – №12. – С. 42-52.

2. Мансуров, Т. Как рождается новая Евразия / Т. Мансуров / Экономика // Российская газета RG.RU [Электронный ресурс]. – 2013. – Режим доступа: http://www.rg.ru/2012/11/30/evraziya.html. – Дата доступа: 15.02.2015.

3. Тишков, В. Барьеры на пути интеграции стран с переходной экономикой: опыт СНГ / В. Тишков // Модернизация экономики и государство. – М.: Изд. дом ГУ ВШЭ, 2007. Кн. 2. С.19-24.

4. Куртов, А. Иллюзия интеграции / А. Куртов // Независимая газета [Электронный ресурс]. – 2013. – Режим доступа: http://www.ng.ru/courier/2013-01-21/11_integracia.html. – Дата доступа: 21.02.2015.

5. Мухамеджанов Б. Г. Перспективы создания Единого экономического пространства (2011-2012). – Алматы, 2013. – 132 с.

Котов С.А.
кандидат экономических наук
Государственного университета морского и речного флота
им. адмирала С. О. Макарова
Багдасарян К.М.
Государственного университета морского и речного флота
им. адмирала С. О. Макарова

ПРОБЛЕМЫ РАЗВИТИЯ ТРАНСПОРТНЫХ КОРПОРАЦИЙ РОССИИ В УСЛОВИЯХ РОСТА СТОИМОСТИ ЗАЕМНОГО ФИНАНСИРОВАНИЯ

Транспортная составляющая экономики в России выступает важнейшим элементом производственной и социальной инфраструктуры. Она определяет возможности, темпы и качество экономического развития, а также повышения конкурентоспособности национальной экономики в условиях глобализации.

Развитие транспортной инфраструктуры в последние годы проходило при прямой поддержке государства, что определяло более активные действия транспортных компаний и их контрагентов в формировании устойчивых экономических систем. Важнейшим фактором развития компаний транспортного сегмента выступает интеграционная стратегия на межотраслевом, межрегиональном и международном уровнях. Транспортная система призвана стать катализатором роста экономики, рычагом стимулирования инвестиционной активности в регионах, привлечении капитала в реальные проекты, формирования устойчивой, диверсифицированной экономической системы.

Объемы инвестиций в российскую транспортную инфраструктуру в 2013-2014 г. г. приблизились к уровню в 4% ВВП, и осуществлялись, преимущественно, за счет бюджетных источников и гарантий. При этом вложения в основной капитал транспортных компаний будут сокращаться в 2015 году, по прогнозам Минтранса РФ, более чем на 10%.

В 2014 году деятельность капиталоемких компаний, к которым относятся и предприятия транспорта, существенно осложнилась. Сложившаяся практика российской финансовой системы, предполагавшая преобладание валютных заимствований на внешних рынках для финансирования долгосрочных проектов, столкнулась с закрытием этих источников привлечения капитала в связи с политическими событиями. Простая переориентация с европейских рынков капитала на азиатские не способна качественно изменить сложившуюся ситуацию. Привлечение стратегических инвесторов в капитал транспортных организаций с внешнего рынка в условиях политической нестабильности не позволяет использовать традиционную площадку для российских IPO – Лондонскую фондовую биржу[1, 52]. Это связано с тем, что в условиях стагнационных процессов в ряде отраслей российской экономики, сокращения экспортно-импортных операций, инвестиционная привлекательность и финансовая устойчивость российских транспортных компаний ослабла. Первоначально надежные рейтинги транспортных корпораций России могут быть в ближайшее время пересмотрены международными рейтинговыми агентствами[2, 48-50].

Глобальный интеграционный тренд в системе стратегического развития транспортного комплекса России связан в первую очередь с предоставляемыми от такой интеграции конкурентными преимуществами. Многие экспортно-ориентированные компании стремятся обеспечить себе стабильный выход на региональные и мировые рынки, инвестируя в приобретение контроля или значимого влияния над транспортными предприятиями-контрагентами.

Таких компаний в России становится все больше, например: «Evraz Group S.A.» контролирует порт г. Находки; ОАО «Мечел» аффилирован с портами Посьет и Ванино; ОАО «ММК» имеет влияние в порту г. Владивостока; ОАО «Транснефть» контролирует долю в ОАО «НМТП», а ПАО «Северсталь», создатель Global Trans, имеет долю в ОАО «Волжское пароходство» и выкупило часть активов ОАО «СЗП». Интеграционные процессы связаны также с формированием интермодальных операторов на стратегических международных направлениях для переориентации транспортных потоков на российскую транспортную систему (ОАО «ДВМП» интегрируется с железнодорожными активами ОАО «Трансконтейнер»).

Зависимость транспортных корпораций России от привлекаемого финансирования определяется как стратегическими планами организаций, так и аффилированностью их с государственными структурами (табл.1).

Таблица 1.

Структура финансовой независимости публичных транспортных корпораций России

Наименование организации	Соотношение заемных и собственных средств в капитале компании (финансовый рычаг) за анализируемый период		
	2012	2013	2014
ОАО «Аэрофлот»	2,84	2,85	4,7
ОАО «Трансаэро»	26	20	26
ОАО «ЮТэйр»	3,4	5,8	н/д
ОАО «НПК»	2,2	1,9	1,6
ПАО «Трансконтейнер»	0,63	0,5	0,4
ОАО «ДВМП» (FESCO)	0,75	2,3	2,7
ОАО «СЗП»	1,4	2,55	1,56
ОАО «НМТП»	2	2,3	2,2

Из приведенных данных можно сделать выводы, что в большинстве случаев объемы заемного финансирования являются определяющими для стратегического развития транспортной отрасли. Рост стоимости заимствований и сложности привлечения капитала привели на грань банкротства ОАО «ЮТэйр», другие компании также испытывают потребность в оптимизации своей долговой нагрузки и формировании долгосрочных источников капитала, как за счет изменения условий заимствований в интересах всех сторон, так и за счет привлечения дополнительного финансирования под государственные гарантии.

Безусловно, ряд долговых обязательств российских компаний носят низколиквидый характер, что связанно с предоставлением целевого финансирования их деятельности со стороны стратегических партеров, однако в долгосрочной перспективе отказ от финансовых ресурсов с открытого рынка может негативно сказаться на способности компаний принимать рациональные решения.

Привлечение долгосрочных финансовых ресурсов с внутреннего рынка капитала осложняется низкой детерминированностью в государственной финансовой политике и стоимости заимствований. Так, с начала 2014 года по 20 марта 2015 года ключевая ставка Центрального Банка России изменялась 8 раз, достигнув с 5,5% в начале обозначенного временного интервала 17% к 16.12.2014 и сократившись до 14% к настоящему моменту.

Доходность внутренних займов российских транспортных корпораций под воздействием этого фактора показывала более высокую волатильность, чем рынок заимствований в целом (рис. 1), что определялось в первую очередь объемом текущего долга, сроками до его погашения и ликвидностью бумаг.

Опираясь на представленные данные, можно сделать обоснованное предположение, что для основных участников российского транспортного рынка, не аффилированных с государственными структурами, критическим является уровень ключевой ставки в 10%, за которым долгосрочные инвесторы начинают выходить из бумаг компаний. В этой связи российские компании вынуждены увеличивать премию за риск вхождения в свой капитал для инвесторов.

С учетом того, что стоимость привлечения капитала для большинства российских транспортных компаний и так была достаточно высокой [2, 43], дальнейшие перспективы роста отрасли оказываются под вопросом.

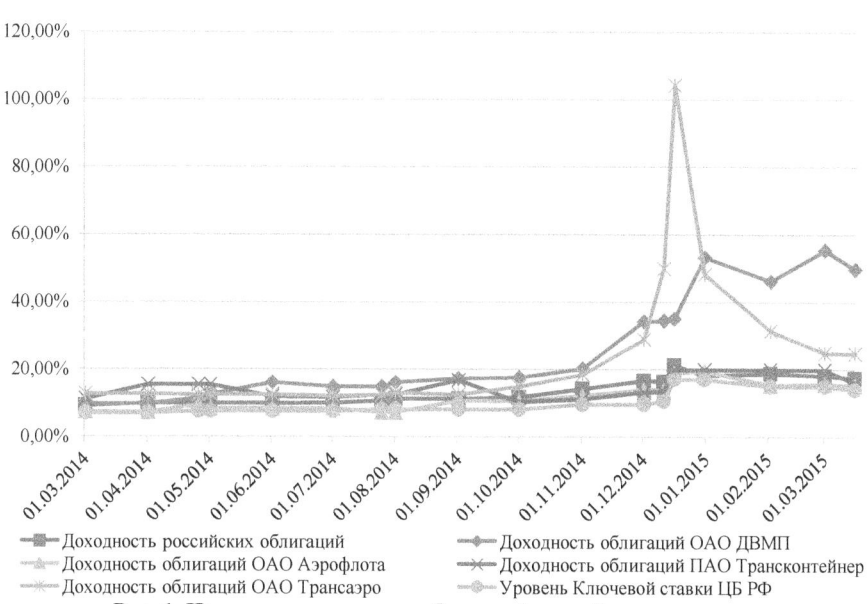

Рис. 1. Изменение доходности облигаций российских транспортных корпораций под воздействием изменения ключевой ставки Центрального Банка России

Стоимость заимствований для капиталоемкого бизнеса существенно возросла, что, в условиях низкой рентабельности транспортных компаний, сократило инвестиционную привлекательность для большинства инвесторов в отрасли. Многие капиталоемкие компании, особенно в условиях морального устаревания части основных фондов, ориентируются не столько на показатели прибыли, сколько на показатели денежного потока, позволяющие за счет амортизационного фонда покрывать процентные затраты на привлекаемый капитал, а также финансировать текущее развитие, реализуя наиболее перспективные проекты. Основным показателем в этих условиях выступает EBITDA – операционная прибыль компании до вычета амортизационных издержек.

Коэффициент соотношения чистого долга и EBITDA (D/EBITDA) характеризует способность компании обеспечивать возврат привлеченного капитала за счет формируемых в операционной деятельности денежных потоков. Динамика этого показателя у российских транспортных корпораций представлена на рисунке 2.

Представленные данные характеризуют снижение рисков финансовой устойчивости для российских транспортных компаний, т. к. лишь ОАО «Аэрофлот» наращивает объемы привлекаемого кредитного финансирования, выступая как системообразующее предприятие и опираясь на финансовую поддержку и гарантии государства.

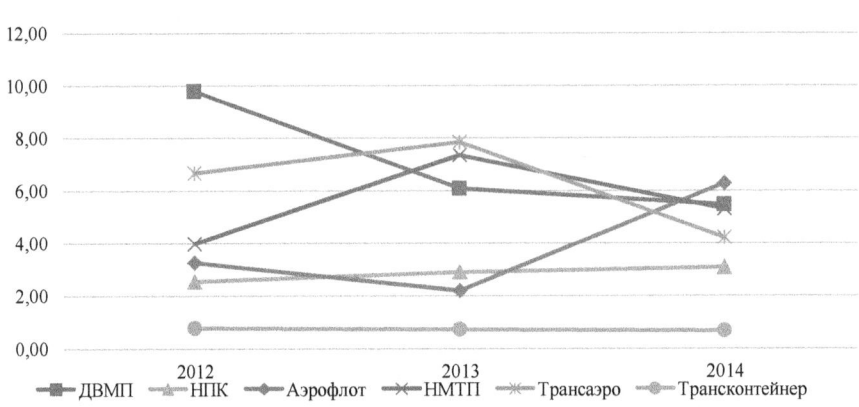

Рис. 2. Динамика финансовой устойчивости транспортных корпораций России по показателю D/EBITDA

Анализ долговой нагрузки на российский транспортный бизнес в динамике позволяет говорить о высоком уровне закредитованности в отрасли, что связанно с необходимостью модернизации транспортных активов, интеграционными процессами и высокой конкуренцией на внешних, а в некоторых сегментах – и на внутренних рынках. Экспортно-ориентированная структура российской экономики предъявляет высокие требования к производительности транспортной инфраструктуры и основных фондов.

В рассмотренных выше условиях российский транспортный бизнес попадает в сложную ситуацию, когда цена привлечения новых объемов капитала, как и поддержания его текущего уровня, может оказаться нерентабельной, даже без учета интересов собственников. Масштабные инвестиции в транспортную инфраструктуру потеряют значительную часть коммерческой эффективности для российской экономики, если пользователями ее станут не российские компании, а иностранные операторы. Объемы экспортных операций и рост мировой экономики позволяют надеяться на востребованность российских транспортных операторов, а значит, для поддержания развития в отрасли, необходимо снижать ставку по привлекаемому в нее капиталу или субсидировать ее государством, снижая до уровня в 9-12% годовых.

СПИСОК ЦИТИРУЕМОЙ ЛИТЕРАТУРЫ:

1. Котов С. А. Транспортные компании России на мировом фондовом рынке: проблемы и перспективы/ И. П. Скобелева, С. А. Котов//Транспортное дело России. -2013. -Вып. 2 (131).– С. 50-53
2. Потенциал транспортных корпораций России на мировом фондовом рынке: Монография / Под. Ред. д-ра экон. Наук И.П. Скобелевой. – СПб.: Изд-во Политехн. ун-та, 2014.– 159 С.

Соловьева В.И.

ассистент кафедры мировой экономики
Белгородского государственного университета
E-mail: kaf-srp@bukep.ru

ТРАНСФОРМАЦИЯ ЭКОНОМИЧЕСКИХ ЗНАНИЙ В ПРОЦЕССЕ ОКАЗАНИЯ ОБРАЗОВАТЕЛЬНЫХ УСЛУГ

В России после распада СССР сложилась новая система образования. Государство предоставило право учебным учреждениям самим решать финансовые проблемы через оказание платных образовательных услуг. В профессиональном образовании произошла интеграция экономических и образовательных функций, которая потребовала трансформации экономических знаний в процессе оказания образовательных услуг.

Закономерно, что эта научная проблема привлекла внимание многих отечественных ученых, таких как Г.А. Балыхин, Е.А. Давыдова, С.А. Дюжиков, В.И. Ерошин, О.В. Левчук, Л.В. Соловьева, В.П. Щетинин и других. Остановимся более подробно на отдельных аспектах обозначенной темы исследования. Цель данной работы – проанализировать систему образовательных услуг РФ, выявить ее основные экономические проблемы, определить возможные пути их решения.

Потребность в изменении российской системы образования обусловлена социально-экономическими изменениями, происходящими в России за последние годы. Она вытекает из потребности приведения систем и подсистем народнохозяйственного комплекса в соответствие с требованиями восстановления утраченных экономических позиций и обеспечения перехода к постиндустриальному обществу.

Целью этой трансформации является создание образовательной системы, в рамках которой молодое поколение будет осваивать профессии, соответствующие спросу на рынке труда, и знания, которые помогут им продуктивно участвовать в жизни современного мирового сообщества. В процессе перехода от индустриального к информационному обществу создание и распространение знаний становится ключевым фактором.

Эти процессы в большей степени опираются на использование и развитие образовательной системы. В последние годы в России принят ряд важных государственных документов, определяющих перспективы развития отечественной системы образования. Главный из них – Национальная доктрина образования в Российской Федерации до 2025 г. Значительное место в этом и других документах занимают проблемы экономики. И это логично, так как их решение определяет эффективность функционирования системы образования в условиях российских реалий [2].

Эффективная рыночная экономика предполагает системное взаимодействие рынка труда и рынка образовательных услуг. Это дает право утверждать о влиянии спроса на определенную профессию на рынке труда на спрос и предложения на рынке образования. Следовательно, существующая динамика спроса на трудовом рынке представляет собой неценовую детерминанту образовательного рынка [1].

Частный сегмент рынка образовательных услуг, появившийся в течение последних десятилетий и успешно сосуществующий с государственным сектором, детерминирован самой спецификой предоставляемых им образовательных услуг. Тогда как государственная ценовая политика в области образования опирается на нормативные цены, рассчитанные по утвержденным соответствующими инстанциями методикам, и учитывает обоснованные наукой нормы и нормативы затрат на производство услуг в области образования.

Нормативная цена на образовательном рынке состоит из двух частей: нормативной себестоимости и нормативной прибыли. На государство в данном случае возлагаются те же общие функции, выполняемые им на товарном рынке, в условиях серьезной экономической конкуренции. Отсюда можно сделать вывод, что ценовая политика находится в прямой зависимости от спроса и предложения на конкретные услуги [6].

Трансформационные процессы в жизни современного российского общества, в первую очередь в ее экономической сфере, сопровождаются включением отрасли профессионального образования в изменяющиеся экономические отношения. Сложность данного процесса вызвана природой профессионального, прежде всего высшего, образования. От этого зависит не только обеспечение воспроизводства профессиональных кадров высокой квалификации, но и реализация целого ряда социальных функций, включая создание надлежащих условий для социальной мобильности, увеличение интеллектуального потенциала страны, распространение культурных норм, имеющих крайне существенное значение для социума.

Однако существующая недооценка полиаспектного характера высшего образования вызывает принципиально разные подходы и точки зрения на теоретическое обоснование моделей реформирования высшей школы и экономическую оценку уже осуществленных реформ в сфере высшего образования. В частности, результаты исследования аналитического центра «Эксперт» свидетельствуют о некой убежденности работодателей. Они уверены в невозможности современных высших учебных заведений предоставить выпускнику те профессиональные знания и психологические качества, которые в большей степени востребованы на современном рынке труда [3].

Исследователи подчеркивают, что «отечественный рынок труда, который находится в начальной стадии формирования, не в состоянии адекватно реагировать на имеющийся «запас прочности» системы высшего профессионального образования. Интеллектуальный ресурс системы профессионального образования сегодня значительно выше требований рынка труда к высококвалифицированным кадрам».

Свободное трудоустройство выпускников в России в результате отмены системы государственного распределения молодых специалистов, стало мерой вынужденного характера. Оно сопровождало уход государства из социальной сферы, что в ходе приватизации существенно осложнило ситуацию в кадровой политике. Государственное распределение, существовавшее в Советском Союзе, представляло собой звено, связывавшее образовательную систему с реальным сектором экономики. что, в свою очередь, влияло на содержание программ профессионального образования [4].

Учреждения высшего образования сегодня работают параллельно на двух рынках – труда и образовательных услуг. С помощью рынка труда продукция образовательных услуг попадает к нуждающимся в них потребителям – предприятиям и организациям, существующим в различных секторах экономики. Однако последние в большинстве случаев не являются покупателями продукции вузов. Тогда как на рынок образовательных услуг непосредственно выходят их покупатели – студенты (или их родители) и государство. Существующее разделение между потребителями и покупателями образовательных услуг способствует серьезному затруднению деятельности образовательных учреждений, внося определенную долю неразберихи в определение продукции, рынков сбыта и потребителей образовательных услуг [5].

Отношения между вузом и потребителем, покупателем предоставляемых им образовательных услуг, построены на разных условиях. Во взаимодействии с первым вуз получает «нематериальное» вознаграждение (тут работают такие психологические категории, как «признание», «уважение», «репутация», «престиж»). Во взаимодействии со вторым образовательное учреждение имеет непосредственный финансовый интерес от оплаты за обучение студентами или их родителями, и поддержки из государственного бюджета. Преодолению подобного неравенства способствует обучение студентов за счет предприятий, которые осознают необходимость в подготовке для производственных нужд квалифицированных кадров, владеющих тем набором профессиональных навыков, которые конкретно затребованы данным предприятием в данных социально-экономических условиях [3].

Рассуждая о проблеме Болонского процесса, следует отметить, что существует реальная опасность разрушения отечественной системы образования. Она заключается в планируемом массовом переходе к системе бакалавриата-магистратуры. В таком случае, во-первых, произойдет в России слом сложившейся и очень успешной системы профессиональной подготовки кадров, что приведет к заметному сокращению преподавательского состава в высших учебных заведениях. Во-вторых, существенно снизится конкурентоспособность выпускников высшей школы на рынке труда, потому, что современному российскому работодателю не очень понятен феномен бакалавриата и присущий бакалавриату уровень квалификации. Также возможно реальное ухудшение качества подготовки выпускников вузов.

Здесь есть и свои «плюсы». Образовательные учреждения России участвуют в международных проектах, активно обмениваются учащимися, студентами, профессорско-преподавательским составом. При этом традиции и нормы мировой образовательной системы активно проникают в российское образовательное пространство.

Литература

1. Балыхин Г.А. Актуальные вопросы социально-экономического развития системы образования в России // Экономика образования. – 2004. – № 3.

2. Давыдова Е.А. Анализ рынка образовательных услуг в современной России // Экономика образования. – 2004. – № 5.

3. Дюжиков С.А. Рынок образования и рынок труда в России: функциональные связи и отношения // Научный журнал «Гуманитарные, социально-экономические и общественные науки». – 2013. – № 3.

4. Ерошин В.И. Экономика, право и управление образованием: проблемы, исследования, решения // Известия Российской Академии образования. – 2002. – № 2.

5. Соловьева Л.В. Становление рынка услуг в условиях перехода к рыночной экономике. – М.: ИМ, 1997. – 208 с.

6. Щетинин В.П., Хроменков Н.А., Рябушкин Б.С., Экономика образования. М.: МПУ, 1995. – 201 с.

Романов А.А.
аспирант кафедры гражданского права и процесса
Юридической школы Дальневосточного федерального университета,
Управляющий партнер Консультационной группы «Верно»

ДОПУСК К СУДЕБНОМУ ПРЕДСТАВИТЕЛЬСТВУ В ЦИВИЛИСТИЧЕСКОМ ПРОЦЕССЕ В РОССИИ: АКТУАЛЬНЫЕ ВЫЗОВЫ

Судебное представительство в цивилистическом процессе, как самостоятельный институт науки процессуального права, урегулирован соответствующими положениями Гражданского процессуального кодекса РФ и Арбитражного процессуального кодекса Российской Федерации. Вместе с тем, данная правовая конструкция в настоящее время подвергается значительному обсуждению и, в том числе, критике, в разрезе определения критериев допуска представителя к участию в гражданском и арбитражном процессе и возможности установления адвокатской монополии на ведение дел в судах.

Сторонники реформы процессуального законодательства, среди которых присутствуют некоторые представители судебной власти, участники адвокатских профессиональных образований ссылаются на опыт западных стран, как с точки зрения их более успешного опыта в построении демократического общества, так и защиты прав и охраняемых законом интересов человека и гражданина. Однако, думается, что путь заимствования, а иногда и слепого копирования иностранного правового регулирования не всегда может быть признан обоснованным и приемлемым для нашего государства.

В соответствии с пунктом 1 статьи 48 Конституции Российской Федерации каждому гарантируется право на получение квалифицированной юридической помощи [1, 48]. При этом здесь законодатель не раскрывает, что подразумевается под пониманием «квалифицированной юридической помощи».

Федеральный закон от 29.12.2012 г. № 273-ФЗ «Об образовании в Российской Федерации» в пункте 5 статьи 2 под квалификацией понимает уровень знаний, умений, навыков и компетенции, характеризующий подготовленность к выполнению определенного вида профессиональной деятельности [2, 2]. В статье 69 цитируемого закона определено, что высшее образование имеет целью обеспечение подготовки высококвалифицированных кадров по всем основным направлениям общественно полезной деятельности в соответствии с потребностями общества и государства, удовлетворение потребностей личности в интеллектуальном, культурном и нравственном развитии, углублении и расширении образования, научно-педагогической квалификации.

Таким образом, необходимо признать, что документ (диплом) о высшем образовании подтверждает квалификацию его обладателя в отмеченной в дипломе области знаний (отрасли хозяйства). При таких обстоятельствах, формируется обоснованное сомнение о необходимости установления так называемой адвокатской монополии на представление интересов доверителей в судах, ибо из системного толкования Конституции Российской Федерации и Федерального закона «Об образовании в Российской Федерации» следует регламентация и фактическая реализация конституционного права граждан на квалифицированную юридическую помощь путем осуществления в России деятельности профессиональных юристов, чья компетенция и квалификация подтверждена фактом окончания ими учебного заведения высшего профессионального образования и присвоения соответствующей квалификации.

Зачастую, доводы о необходимости введения так называемого профессионального судебного представительства в гражданском и арбитражном процессе только адвокатами обусловлены либо сравнением с институтом присяжных поверенных, действовавшем в Российской империи, либо калькой с регулирования, принятого в странах общего права.

Однако, на наш взгляд, отмеченное выше сравнение некорректно и не может быть положено в основу применения таковой концепции в России в силу следующего.

Национальное право во все исторические периоды чаще всего совершенствовалось именно путем рецепции иностранного права, которая могла быть как добровольной, так и навязанной [3, 172].

Вместе с тем, слепое копирование иностранных правовых норм, их заимствование и внедрение в отечественное право без учета исторического опыта государства, менталитета и прочих самобытных особенностей населения, культуры народа обусловит более негативные последствия, нежели чем приведет к изначально декларируемой цели о предоставлении гражданам и организациям качественного и квалифицированного юридического представительства в судах. Как следствие, при таких обстоятельствах возможно разочарование населения в указанных институтах и возможность их отторжения [4, 7].

Необходимо также учитывать и национальные особенности образовательного процесса в области юриспруденции в странах common law и романо-германской правовой традиции

Для России вплоть до недавнего времени юридическое образование базировалось на системе специалитета, с нормативным сроком обучения в пять лет. В результате, по завершении обучения, успешному студенту присваивалась квалификация «юрист» и таковое образование по существу являлось универсальным, позволяющим реализовать себя практически в любой области юридического знания и практики. В странах англо-саксонской правовой семьи более характерно двухступенчатое образование, когда первые три года студент изучает общие дисциплины, получая, как правило, степень в области искусств (бакалавр), что впоследствии дает ему право поступить в юридическую школу и получить степень в юриспруденции (магистр, или juris doctor) В отечественном государстве разделение высшего профессионального образования на бакалавриат и магистратуру состоялось не так давно, чтобы можно было судить о невозможности выпускников- магистров быть представителями в судах Российской Федерации.

При этом, обсуждая доводы в защиту адвокатской монополии на судебное представительство, заслуживают внимания аргументы, связанные с адвокатской этикой и возможностью применения мер дисциплинарного взыскания к членам профессионального адвокатского сообщества, допустившего ненадлежащее поведение или иной проступок в отношении клиента, умаляющий статус адвоката или несовместимый с ним. Вместе с тем, представляется, что в данном случае объединение лиц, желающих оказывать услуги по судебному представительству в саморегулируемую организацию, вполне будет отвечать преследуемым целям и задачам организации предоставления профессиональных юридических услуг. Более того, если принимать во внимание иностранных правовой опыт, то не везде имеется разделение юристов на барристеров и солиситоров, в отдельных государствах зачастую и юридическое консультирование может осуществлять только лицо, обладающее статусом адвоката и состоящее в профессиональном адвокатском сообществе.

В заключение необходимо отметить, что введение монополии на представительство в суде в пользу лиц, состоящих в отдельном объединении или корпорации есть весьма чувствительная тема для нашего общества. Конституционный Суд Российской Федерации в постановлении от 16.07.2004 г. № 15-П признавал неконституционными положения ст. 59 АПК РФ, которые предоставляли право только адвокатам и штатным юрисконсультам организаций представительствовать при рассмотрении дел в арбитражных судах. Думается, что поспешного решения, равно как и механического заимствования американского и западноевропейского правового опыта в данном вопросе в условиях нашего государства быть не должно.

Литература:

1. Конституция Российской Федерации" (принята всенародным голосованием 12.12.1993) (с учетом поправок, внесенных Законами РФ о поправках к Конституции РФ от 30.12.2008 N 6-ФКЗ, от

30.12.2008 N 7-ФКЗ, от 05.02.2014 N 2-ФКЗ, от 21.07.2014 N 11-ФКЗ)/СПС Консультант Плюс.

2. Федеральный закон от 29.12.2012 N 273-ФЗ (ред. от 31.12.2014) "Об образовании в Российской Федерации" (с изм. и доп., вступ. в силу с 31.03.2015)/СПС Консультант Плюс.

3. Малешин Д.Я. Методология гражданского процессуального права. – М.: Статут, 2010. С. 172.

4. Зорькин В.Д. Конституционные основы развития цивилизации в современном глобальном мире // Журнал российского права. 2007. №4. С.7.

Ильяшенко К.В.
аспирант Российского государственного социального университета
юрисконсульт Федерального государственного унитарного предприятия
«ФЦДТ «Союз»
e-mail: Konstantin-jur08@yandex.ru

НОРМАТИВНО-ПРАВОВОЕ РЕГУЛИРОВАНИЕ ОТНОШЕНИЙ ПО ОКАЗАНИЮ ЮРИДИЧЕСКИХ УСЛУГ В РОССИЙСКОЙ ФЕДЕРАЦИИ

Свое начало нормативно-правовое регулирование отношений по оказанию юридических услуг берет в Конституции РФ [1]. Ст. 48 Основного закона РФ провозглашает право каждого на получение квалифицированной юридической помощи.

Право каждого пользоваться помощью адвоката (защитника) по крайней мере, в уголовном процессе предусмотрено ст. 14 Международного пакта о гражданских и политических правах [2] 1966 г. и ст. 6 Конвенции о защите прав человека и основных свобод [3] 1950 г.

Конституционные и международно-правовые положения о юридической помощи развиваются в законах и иных нормативно-правовых актах РФ.

Так, деятельность адвоката, как субъекта оказания юридических услуг регулируется ФЗ «Об адвокатской деятельности и адвокатуре» [4]. Указанным законом устанавливаются профессиональные и иные квалификационные требования к адвокатам, статус адвоката и условия его приобретения, права и обязанности адвоката, гарантии независимости адвокатской деятельности.

Важнейшим актом, регулирующим оказание юридических услуг в РФ является Гражданский кодекс РФ (часть вторая) [5]. Данный нормативный акт содержит главу 39 «Возмездное оказание услуг», под действие которой подпадает большинство юридических услуг.

Указанная глава содержит норму, в соответствии с которой к договору возмездного оказания услуг применяются общие положения о подряде (ст. 702 – 729 ГК РФ) и положения о бытовом подряде (730 – 739 ГК РФ), если это не противоречит нормам Гражданского кодекса РФ, регулирующим отношения по возмездному оказанию услуг, а также особенностям предмета договора. Распространение этих положений на отношения возмездного оказания услуг представляется вполне оправданным и неслучайным, поскольку данные правовые явления (работа и услуга) схожи.

Проблемой в сфере нормативно-правового регулирования отношений по оказанию юридических услуг в РФ является отсутствие специального нормативного акта или хотя бы специальных норм, регулирующих деятельность частнопрактикующих юристов и юридических лиц, оказывающих юридические услуги. На сегодняшний день рассматриваемым видом деятельности может заниматься кто угодно, не имея необходимого опыта работы, юридического образования, да и образования вообще.

Субъекты оказания юридических услуг, действующие в рамках своей профессиональной деятельности в судах и иных государственных органах, подпадают под действие процессуального законодательства РФ.

К основным источникам процессуального права РФ мы относим: Гражданский процессуальный кодекс РФ [6], Уголовно-процессуальный кодекс РФ [7], Арбитражный процессуальный кодекс РФ [8]. С 15.09.2015 г. к указанным источникам примкнет Кодекс административного судопроизводства Российской Федерации [9]. К процессуальному законодательству РФ видится возможным отнести ФЗ «О порядке рассмотрения обращений граждан Российской Федерации» [10].

Раскрывать содержание указанных нормативно-правовых актов нам видится нецелесообразным в рамках настоящего исследования. Хотим лишь отметить особенность регулирования участия защитника в уголовном процессе.

Так, УПК РФ в ст. 49 раскрывает понятие «защитника» как лица, осуществляющего в установленном УПК РФ порядке защиту прав и интересов подозреваемых и обвиняемых и оказывающего им юридическую помощь при производстве по уголовному делу. В качестве защитников допускаются адвокаты. По определению или постановлению суда в качестве защитника могут быть допущены наряду с адвокатом один из близких родственников обвиняемого или иное лицо, о допуске которого ходатайствует обвиняемый. При производстве у мирового судьи указанное лицо допускается и вместо адвоката.

Укажем в качестве актов, регулирующих оказание юридических услуг Основы законодательства Российской Федерации о нотариате [11] и ФЗ «О патентных поверенных» [12].

К юридическим услугам, которые служат удовлетворению личных, т.е. не связанных с осуществлением предпринимательской деятельности, потребностей граждан, применяется Закон о защите прав потребителей [13]. Данную точку зрения поддержал Конституционный суд РФ в одном из своих постановлений [14].

Рассматривая вопрос нормативно-правового регулирования отношений по оказанию юридических услуг в РФ необходимо обратить внимание на акты судебных органов власти, которые, как отмечает Л.Б. Ситдикова, все чаще, признаются в качестве рационального способа, устранения противоречий между развивающейся практикой и действующим законодательством [15, 82]. В качестве примеров таких «устраняющих противоречия» актов можно привести Постановление Конституционного Суда РФ от 23.01.2007 № 1-П «По делу о проверке конституционности положений пункта 1 статьи 779 и пункта 1 статьи 781 Гражданского кодекса Российской Федерации в связи с жалобами общества с ограниченной ответственностью «Агентство корпоративной безопасности» и гражданина В.В. Макеева» [16], постановление Пленума Верховного Суда РФ «О практике рассмотрения дел о защите прав потребителей» [17], Информационное письмо Президиума ВАС РФ «О некоторых вопросах судебной практики, возникающих при рассмотрении споров, связанных с договорами на оказание правовых услуг» [18], Информационное письмо Президиума ВАС РФ «Обзор практики разрешения споров, связанных с заключением, изменением и расторжением договоров» [19] и др.

Практика показывает, что в действующем законодательстве, регламентирующем отношения по оказанию юридических услуг, имеются противоречия и нерешенные вопросы. Формулируемые в постановлениях высших судебных инстанций позиции формально действующую норму не изменяют, но наполняют ее конкретным содержанием, расширяя сферу применения, уточняя механизм реализации, устанавливая границы ее действия [15, 83].

Проанализировав указанные выше нормативные правовые акты и материалы судебной практики, мы сделали вывод о том, что на сегодняшний день отношения по оказанию юридических услуг в РФ не получили должной правовой регламентации. Считаем необходимым разработать специальные нормативные правовые акты, регулирующие отношения по оказанию юридических услуг (устанавливающие требования к субъектам, оказывающим юридические услуги, регламентирующие порядок «допуска к профессии» и др.).

Список использованной литературы

1. Конституция Российской Федерации (принята всенародным голосованием 12.12.1993) с учетом поправок, внесенных Законами РФ о поправках к Конституции РФ от 30.12.2008 № 6-ФКЗ, от 30.12.2008 № 7-ФКЗ // Российская газета от 25 декабря 1993;

2. Международный Пакт от 16.12.1966 «О гражданских и политических правах» // Бюллетень Верховного Суда РФ, № 12, 1994;

3. Конвенция «О защите прав человека и основных свобод» (Заключена в г. Риме 04.11.1950) // Собрание законодательства РФ, 08.01.2001, № 2, ст. 163;

4. Федеральный закон от 31.05.2002 № 63-ФЗ «Об адвокатской деятельности и адвокатуре в Российской Федерации» // Российская газета, № 100, 05.06.2002;

5. Гражданский кодекс Российской Федерации (часть вторая) от 26.01.1996 № 14-ФЗ // Российская газета, № 23, 06.02.1996, № 24, 07.02.1996, № 25, 08.02.1996, № 27, 10.02.1996;

6.   Гражданский процессуальный кодекс Российской Федерации от 14.11.2002 № 138-ФЗ // Собрание законодательства РФ, 18.11.2002, № 46, ст. 453;

7.   Уголовно-процессуальный кодекс Российской Федерации от 18.12.2001 № 174-ФЗ // Парламентская газета, № 241-242, 22.12.2001;

8.   Арбитражный процессуальный кодекс Российской Федерации от 24.07.2002 № 95-ФЗ // Парламентская газета, № 140-141, 27.07.2002;

9.   Кодекс административного судопроизводства Российской Федерации от 08.03.2015 № 21-ФЗ // Российская газета, № 49, 11.03.2015;

10.   Федеральный закон от 02.05.2006 № 59-ФЗ «О порядке рассмотрения обращений граждан Российской Федерации» // Российская газета, № 95, 05.05.2006;

11.   Основы законодательства Российской Федерации о нотариате (утв. ВС РФ 11.02.1993 № 4462-1) // Российская газета, № 49, 13.03.1993;

12.   Федеральный закон от 30.12.2008 № 316-ФЗ «О патентных поверенных» // Российская газета, № 267, 31.12.2008;

13.   Закон РФ от 07.02.1992 № 2300-1 «О защите прав потребителей» // Ведомости СНД и ВС РФ, 09.04.1992, № 15, ст. 766;

14.   Определение Конституционного Суда РФ от 06.06.2002 № 115-О «Об отказе в принятии к рассмотрению жалобы гражданки Мартыновой Евгении Захаровны на нарушение ее конституционных прав пунктом 2 статьи 779 и пунктом 2 статьи 782 Гражданского кодекса Российской Федерации» // Вестник Конституционного Суда РФ, № 1, 2003;

15.   Л.Б. Ситдикова. Правовое регулирование отношений в сфере оказания информационных и консультационных услуг в Российской Федерации: дисс. ... д. ю. н. Москва, 2009.

16.   Постановление Конституционного Суда РФ от 23.01.2007 № 1-П «По делу о проверке конституционности положений пункта 1 статьи 779 и пункта 1 статьи 781 Гражданского кодекса Российской Федерации в связи с жалобами общества с ограниченной ответственностью «Агентство корпоративной безопасности» и гражданина В.В. Макеева» // Вестник Конституционного Суда РФ, № 1, 2007;

17.   Постановление Пленума Верховного Суда РФ от 28.06.2012 № 17 «О рассмотрении судами гражданских дел по спорам о защите прав потребителей» // Российская газета, № 156, 11.07.2012;

18.   Информационное письмо Президиума Высшего Арбитражного Суда РФ от 29.09.1999 № 48 «О некоторых вопросах судебной практики, возникающих при рассмотрении споров, связанных с договорами на оказание правовых услуг» (абз. 2 п. 1) // Вестник ВАС РФ. 1999. № 11.

19.   Информационное письмо Президиума ВАС РФ от 05.05.1997 № 14 «Обзор практики разрешения споров, связанных с заключением, изменением и расторжением договоров» // Вестник ВАС РФ, № 7, 1997.

Шегирбаева М.З.
магистрант Университета КазГЮУ

ЗАЩИТА ПРАВ ИНВЕСТОРОВ НА ТЕРРИТОРИИ РЕСПУБЛИКИ КАЗАХСТАН

Защита прав инвесторов является важным показателем инвестиционного климата государства-реципиента инвестиций, именно поэтому в законодательстве Республики Казахстан (далее – РК) закреплены нормы, имеющие непосредственное отношение к гарантиям в отношении инвестиций.

Вторая глава Закона Республики Казахстан (далее – ЗРК) «Об инвестициях» предусматривает ряд гарантий для инвесторов на территории Казахстана. Так, в соответствии со ст.4 ЗРК «Об инвестициях» инвесторам предоставляется полная и безусловная защита прав и интересов, которая обеспечивается Конституцией Республики Казахстан, вышеуказанным законом и иными нормативными правовыми актами Республики (например, ЗРК «О недрах и недропользовании»), а также международными договорами, ратифицированными Республикой Казахстан [1], что практически дублирует положения ст.8 Конвенции о защите прав инвестора 1997 года [2].

Пункт 3 статьи 4 ЗРК «Об инвестициях» содержит в себе «дедушкину оговорку»: Республика Казахстан гарантирует стабильность договоров, заключенных между инвесторами и государственными органами Республики Казахстан, за исключением случаев, когда изменения в договоры вносятся по соглашению сторон» [1]. Однако данная норма сформулирована декларативно: к сожалению, ЗРК «Об инвестициях» не дает ответа, в чем именно заключаются эти гарантии и стабильность условий договора.

Общие положения о дедушкиной оговорке содержатся в Гражданском Кодексе Республики Казахстан (далее - ГК РК). Как закреплено в п. 2 ст. 383 ГК РК: «если после заключения договора законодательством устанавливаются обязательные для сторон правила иные, чем те, которые действовали при заключении договора, условия заключенного договора сохраняют силу, кроме случаев, когда законодательством установлено, что его действие распространяется на отношения, возникающие из ранее заключенных договоров» [3].

Хотя эта норма ГК РК вызывает много споров в теории и на практике и не всегда применяется, ее важное консолидирующее значение для отраслевого законодательства неоспоримо.

В Казахстане высказываются различные взгляды на понятие стабильности законодательства. А.Г. Диденко и Е.В. Нестерова считают, что приоритет договора перед законодательством, установленный п. 2 ст.

383 ГК, распространяется только на условия договора, которые могли быть согласованы сторонами. Императивные нормы, установленные законодательством, действовавшим в момент заключения договора, не могут считаться условиями договора, и в случае изменения этих императивных норм они применяются в новой, измененной редакций. Этот анализ они применяют ко всем законодательным актам (о недропользовании, о налогах, об инвестициях), в которых содержаться оговорки о стабильности законодательства [4].

На наш взгляд, такое толкование противоречит смыслу дедушкиной оговорки, согласно которой законодательство ухудшающее положение иностранного инвестора (а это в основном императивные нормы), не должно применяться к ранее заключенным контрактам на период действия контракта.

Эти утверждения противоречат и толкованию п. 2 ст. 383 ГК РК, в котором говорится «если после заключения договора законодательством устанавливаются обязательные для сторон правила иные, чем те, которые действовали при заключении договора, условия заключенного договора сохраняют силу» [3]. Из этого текста не вытекает, что речь идет о диспозитивных условиях, которые стороны вправе включать в договор. Речь идет об установлении законодательством правил иных, чем те, которые действовали при заключении договора. По нашему мнению, эти положения толкуются однозначно: не применяются все нормы, которые устанавливают иные правила (неважно диспозитивные или императивные).

Данная позиция имеет в Казахстане законодательное подтверждение. В частности, Нормативное постановление Верховного Суда Республики Казахстан от 23 июня 2006г. № 5 «О судебной практике применения налогового законодательства» распространяет нормы о стабильности налогового режима не только на те налоги и обязательные платежи, которые могли согласовываться в контрактах по действовавшему в момент их заключения законодательству, но и на те налоги (обязательные платежи), которые были продублированы сторонами контракта из императивных норм законодательства, действовавшего на момент заключения контракта» [5].

Гарантия использования доходов, предусмотренная ст. 5 ЗРК «Об инвестициях» предоставляет инвесторам по своему усмотрению использовать доходы, полученные от собственной деятельности, после уплаты налогов и других обязательных платежей в бюджет в соответствии с законодательством Республики Казахстан и открывать в банках на территории Республики Казахстан банковские счета в национальной и (или) в иностранной валюте в соответствии с банковским и валютным законодательством Республики Казахстан.

Ст. 6 ЗРК «Об инвестициях» предусматривает гарантии гласности деятельности государственных органов Республики Казахстан в отношении инвесторов. Инвесторам, включая миноритарных инвесторов, обеспечивается свободный доступ к информации о регистрации юридических лиц, об их уставах, о регистрации сделок с недвижимостью, выданных лицензиях, а также к иной предусмотренной законодательными актами Республики Казахстан информации, которая связана с осуществлением ими инвестиционной деятельности и не содержит коммерческой и иной охраняемой законом тайны.

Гарантия прав инвесторов при национализации и реквизиции закреплена в ст. 8 действующего ЗРК «Об инвестициях»: при национализации инвестору возмещаются Республикой Казахстан в полном объеме убытки, причиненные ему в результате издания законодательных актов Республики Казахстан о национализации [1]. ГК РК в ст. 253 определяет реквизицию как изъятие в случае стихийных бедствий, аварий, эпидемий, эпизоотий, в период действия военного положения или в военное время и при иных обстоятельствах, носящих чрезвычайный характер, имущества у собственника в интересах общества по решению государственных органов в порядке и на условиях, установленных законами Республики Казахстан [3].

Ст. 8 Конвенции о защите прав инвестора прописывает, что «инвестиции не подлежат национализации и не могут быть подвергнуты реквизиции, кроме исключительных случаев (стихийных бедствий, аварий, эпидемий, эпизоотий и иных обстоятельств, носящих чрезвычайный характер), предусмотренных национальным законодательством Сторон, когда эти меры принимаются в общественных интересах, предусмотренных Основным законом (Конституцией) страны-реципиента. Национализация или реквизиция не могут быть осуществлены без выплаты инвестору адекватной компенсации. Решения о национализации или реквизиции инвестиций принимаются в порядке, установленном национальным законодательством страны-реципиента, могут быть обжалованы в порядке, установленном национальным законодательством страны-реципиента. Инвестор имеет право на возмещение ущерба, причиненного ему решениями и действиями (бездействием) государственных органов либо должностных лиц, противоречащими законодательству страны-реципиента и нормам международного права» [2].

Следующей гарантией, предоставляемой ЗРК «Об инвестициях» является гарантия, закрепленная в п. ст. 9: при невозможности разрешения инвестиционных споров путем переговоров разрешение споров производится в соответствии с международными договорами и законодательными актами Республики Казахстан в судах Республики Казахстан или в международных арбитражах, определяемых соглашением сторон.

Однако, как пишет Р. Жазыкбаева, право инвесторов на обращение в арбитраж ограничено в связи с действием ст. 417 ГПК РК, установившей исключительную компетенцию казахстанских судов по спорам, связанным с определением прав на недвижимое имущество [6]. Отметим, что исключительная подсудность в этом случае подразумевается по сравнению с судебной юрисдикцией спора: споры по недвижимому имуществу, находящемуся на территории Казахстана, подсудны казахстанским судам и не могут передаваться в иностранные суды. Аналогично, тем не менее, решен вопрос о подведомственности споров о недвижимости в свете альтернативных (арбитражного в том числе) форм разрешения споров: ст. 33 ГПК РК устанавливает основания исключительной подсудности (разновидность территориальной подсудности, при которой исключается возможность для определенной категории дел применять иные правила подсудности, чем те, которые установлены ГПК непосредственно для этих категорий дел) ряда споров, в частности, связанных с недвижимостью; иски к перевозчикам; иски о возмещении убытков, причиненных нарушением иностранным государством юрисдикционного иммунитета Республики Казахстан и ее собственности [7].

Поскольку исключительная подсудность - это вид территориальной подсудности, то и применяться эти правила должны, по нашему мнению, в случаях, когда спор подведомствен суду, а не международному коммерческому арбитражу или третейскому суду.

М. К. Сулейменов констатирует сокращение гарантий по сравнению с ЗРК «Об иностранных инвестициях» и пишет о том, что в ЗРК «Об иностранных инвестициях» было закреплено применение к иностранным инвестициям, как национального режима, так и режима наибольшего благоприятствования, причем применялся только тот из них, который являлся наиболее благоприятным. К его сожалению, эта норма не попала в новый Закон об инвестициях, поэтому приходится применять другие законодательные акты. Национальный режим для иностранных лиц закреплен в Конституции Республики Казахстан 1995 года (п. 4 ст. 12), в ГК РК (п. 7 ст. 3). Применение режима наибольшего благоприятствования закреплено во многих международных договорах: в частности, в Договоре к Энергетической хартии закреплена точно такая же норма, что и та, которая была в отмененном Законе об иностранных инвестициях (ст.10 (7) Договора к Энергетической хартии) [8].

ЗРК «Об инвестициях» гарантирована полная защита прав инвесторов и стабильность заключенных контрактов, а также очень четко регламентирована работа государственных органов в отношении инвесторов, определены меры государственной поддержки инвестиций, осуществляемых в приоритетных отраслях экономики Казахстана.

Дополнительные гарантии защиты прав инвесторов предоставляют соглашения о взаимной защите и поощрении инвестиций, например, защиту от дискриминации, реквизиции и национализации, право на разрешение инвестиционных споров в международных арбитражных судах в отсутствие арбитражного соглашения.

Двусторонние соглашения о поощрении и взаимной защите инвестиций, как правило, предоставляют такие гарантии как обеспечение отсутствия дискриминации по признаку страны происхождения инвестиций, предоставление режима наибольшего благоприятствования, предоставление справедливого и равноправного режима, исполнение всех обязательств, принятых принимающим государством перед иностранным инвестором, гарантия полной защиты и компенсации в случае экспроприации инвестиций, вызванных действиями или бездействиями Правительства Республики Казахстан, его подразделений и любых других государственных органов.

Как следует из практики международных арбитражных судов и трибуналов, обязательство принимающего государства предоставлять «справедливый и равноправный режим» предполагает обеспечение иностранному инвестору стабильной среды для осуществления инвестиций, что включает в себя обеспечение справедливого и беспристрастного суда, выполнение принимающим государством обещаний и заверений, предоставленных иностранному инвестору, выполнение договорных обязательств перед иностранным инвестором и другое.

Следует также заметить, что, к примеру, под «исполнением обязательств, принятых перед иностранным инвестором» понимается обязательство принимающего государства исполнять условия инвестиционных контрактов и иных договоров, заключенных с иностранным инвестором. В результате нарушение принимающим государством контракта приводит не только к правовым последствиям, вытекающим из контракта, но и к нарушению соглашения, что дает иностранному инвестору дополнительные механизмы защиты [9].

Так, в деле Rumeli Telekom A.S. and Telsim Mobil Telekomunikasyon Hizmetleri A.S. v. Republic of Kazakhstan (ICSID Case No. ARB/05/16), рассмотренным МЦУИС 28 июня 2008 года, арбитраж обязал уплатить Казахстан в качестве компенсации 125 млн. долларов США с процентами за экспроприацию Кар-Тел - одного из крупных операторов мобильной связи в Казахстане, принадлежавшего турецким инвесторам.

В 1998 г. Rumeli заключила с Правительством Казахстана инвестиционное соглашение о создании GSM-оператора «Кар-Тел», первоначально Rumeli принадлежало 70% акций «Кар-Тел», остальное - казахстанской компании «Инвестел». Затем пакет казахской стороны перешел к компании «Телеком Инвест», доля которой выросла до 40%, а принадлежавшие туркам 60% были распределены между Rumeli и турецким сотовым оператором Telsim. В 2002 году ответчик расторг в одностороннем порядке инвестиционный договор, ссылаясь на мошенничество со стороны истца: в операторов было инвестировано лишь 11% от первоначально обещанных $130 млн, зона покрытия составила только 60% от запланированной, поставлявшееся оператору оборудование было бывшим в употреблении.

В ходе арбитражного разбирательства было подтверждено, что ответчик нарушил статью 3 Соглашения между Республикой Казахстан и Турецкой Республикой о взаимном содействии и защите инвестиций, в которой сказано, что инвестиции не должны подлежать отчуждению, национализации или подвергаться прямо или косвенно мерам аналогичного действия. Также истец не выплатил компенсацию за произведенную экспроприацию, которая должна быть эквивалентна реальной стоимости отчужденной инвестиции до того, как было принято действие отчуждения [10].

Права и интересы инвесторов могут быть нарушены даже в суде, например, когда Налоговым органом и судом первой инстанции неверно истолкованы нормы налогового законодательства, и, следовательно, сделаны неправомерные выводы.

Например, налоговые органы по результатам налоговой проверки вынесли в отношении ТОО Ф. уведомление о погашении задолженности и пени. Налоговые органы посчитали, что ТОО Ф. не имело право вычитать расходы по амортизации и ремонту при исчислении корпоративного подоходного налога (КПН), поскольку обладало льготами по уплате КПН. При этом суды не приняли во внимание, что льготы по КПН касались ставок подоходного налога, предоставлялись всем иностранным инвесторам и не обуславливались лишением прав инвесторов по отнесению расходов по амортизации и ремонту на вычеты.

В ходе судебного разбирательства ТОО Ф. было признано как действующее в рамках инвестиционного проекта, хотя деятельность ТОО Ф. ни по каким критериям не отвечала характеристикам такого проекта. Признание ТОО Ф. участником инвестиционного проекта означало, что товарищество может воспользоваться правом на льготную амортизацию, действительно предусмотренную законодательством. Однако, судебными решениями ТОО Ф. было лишено права и на льготный порядок, тем самым лишившись права на любую амортизацию.

Без внимания судов остались положения казахстанского законодательства о стабильности этого законодательства, международные договоры. Таким образом, суды своими решениями не защитили интересы инвесторов, а поддержали очень спорную позицию налоговых органов [11].

Защитой прав инвестора является одним из направлений Совета по улучшению инвестиционного климата (далее - СУИК). СУИК создан 12 марта 2013 года Постановлением Правительства Республики Казахстан, целями деятельности СУИК являются реализация единой инвестиционной политики Республики Казахстан, отвечающей приоритетам развития экономики Республики Казахстан, содействие в привлечении и эффективном использовании отечественных и иностранных инвестиций. В рамках поставленных целей на СУИК возлагаются определение единой стратегии развития инвестиционной деятельности с учетом практики стран Организации экономического сотрудничества и развития в области инвестиционной политики и приоритетов развития Республики Казахстан, выработка предложений по созданию благоприятного инвестиционного климата в Республике Казахстан, в том числе по защите прав и интересов иностранных инвесторов и совершенствованию нормативной правовой базы Республики Казахстан касательно инвестиционной политики, налогового и таможенного законодательств [12].

Национальный план по привлечению инвестиций, развитию специальных экономических зон и стимулированию экспорта в Республике Казахстан на 2010-2014 годы предусматривает создание инвестиционного омбудсмена, функцию которого будет выполнять специально созданная Комиссия по инвестициям, которая являлась бы консультативно-совещательным органом при Правительстве Республики Казахстан по выработке предложений по координации и контролю деятельности государственных органов и национальных холдингов по вопросам привлечения инвестиций в экономику Казахстана, текущей деятельности инвесторов, защиты их прав и интересов, а также создания благоприятных условий для инвестиционной деятельности в Республике Казахстан [13].

Однако создание очередного консультативно-совещательного органа не сможет решить проблему защиты прав инвесторов, инвестиционный омбудсмен будет дублировать задачи, поставленные перед СУИК и Советом иностранных инвесторов при Президенте Республики Казахстан.

Дополнительным видом защиты инвестиций может служить заключение Меморандума о взаимопонимании с государственными органами (далее - МОВ), в соответствии с которым местный орган власти обязуется оказать содействие в разрешении вопросов, которые могут возникнуть при реализации инвестиционного проекта. Ш. Усманов отмечает, что, несмотря на то, что в соответствии с законодательством Казахстана, МОВ, как правило, не имеют обязательной силы, они, тем не менее, могут оказать содействие в некоторых спорных ситуациях [14].

Например, проект строительства комплекса «Абу-Даби Плаза» активно поддерживался акиматом г. Астана и Правительством Казахстана. Республика Казахстан и Объединенные Арабские Эмираты подписали и ратифицировали соглашение в отношении данного проекта для установления особого правового режима, который отличается от существующего в соответствии с законодательством Республики Казахстан. Так, в п. 4.5.1 ЗРК Казахстан «О ратификации Соглашения

Юридические науки

между Правительством Республики Казахстан и Правительством Объединенных Арабских Эмиратов касательно строительства комплекса Абу-Даби Плаза» сказано, что «положения вышеуказанного Соглашения не подпадают под действие как Казахстанского Законодательства, так и международных договоров, регулирующих таможенные вопросы, за исключением случаев, когда такое Казахстанское Законодательство и/или международные договоры являются более благоприятными для АЛДАРА, чем положения, регулирующие таможенные вопросы, предусмотренные настоящим Соглашением. Правительство Республики Казахстан гарантирует абсолютную стабильность таможенного режима, предусмотренного настоящим Соглашением, и признает, что такая гарантия также распространяется на любые изменения в Казахстанском Законодательстве и/или международных договорах, по которым Республика Казахстан является или будет являться подписывающей стороной и которые определяют порядок и условия импорта акцизных товаров. Гарантия стабильности таможенного режима не будет отозвана Правительством Республики Казахстан в течение действия настоящего Соглашения, включая, но, не ограничиваясь, по основаниям национальной и экологической безопасности, здравоохранения и нравственности, также как и по любым иным основаниям, предусмотренным в соответствии с Казахстанским Законодательством» [15].

Согласно рейтингу Doing Business Всемирного Банка за 2014 год Казахстан занимает 50-ое место из 189 стран. Итоговый индекс является средним показателей страны по 10 индикаторам, каждый индикатор имеет равный вес, по индикатору «Защита инвесторов» Казахстан делит 22-ое место с Норвегией, Данией [16], что свидетельствует о создании благоприятных условий для будущих капиталовложений в экономику Казахстана.

СПИСОК ИСПОТЬЛЗОВАННОЙ ЛИТЕРАТУРЫ:

1. Закон Республики Казахстан от 8 января 2003 г. №373 «Об инвестициях» //
2. О ратификации Конвенции о защите прав инвестора/Закон Республики Казахстан от 30 декабря 1999 года N 24\Бюллетень международных договоров Республики Казахстан, 2003 г., N 3, ст. 20; "Казахстанская правда" от 5 января 2000 года N 004
3. Гражданский кодекс Республики Казахстан от 27 декабря 1994 г. № 269-XII (с изменениями и дополнениями по состоянию на ____)
4. Диденко А., Нестерова Е. Правовая природа контрактов на недропользование и инвестиционных контрактов // Гражданское законодательство. Статьи. Комментарии. Практика, вып. 29 / Под ред. А.Г.

Диденко. - Алматы: Раритет, Институт правовых исследований и анализа, 2007. - 186-217.

5.   Нормативное постановление Верховного Суда Республики Казахстан от 23 июня 2006г. № 5 «О судебной практике применения налогового законодательства» // Информационная система «Параграф», 2014.

6.   Жазыкбаева Р. Передача споров иностранных инвесторов по контрактам на недропользование в международный арбитраж // Международный деловой журнал KAZAKHSTAN. Электронный ресурс: http://www.investkz.com/journals/29/369.html

7.   Гражданский процессуальный кодекс Республики Казахстан от 13 июля 1999 г. № 412-1 (с изменениями и дополнениями по состоянию на 27.06.2014 г.)

8.   Сулейменов М. К., Осипов Е. Б. Обзор законодательной базы для инвестиций в нефтегазовом секторе Республики Казахстан. Электронный ресурс: http://pubs.iied.org/pdfs/G02763.pdf

9.   Тукулов Б. Обсуждение возможных путей снижения правовых рисков, с которыми сталкиваются иностранные инвесторы при осуществлении деятельности в Республике Казахстан. Электронный ресурс: http://www.gratanet.com/ru/publications/534

10.   Rumeli Telekom A.S. and Telsim Mobil Telekomunikasyon Hizmetleri A.S. v. Republic of Kazakhstan. Award. Электронный ресурс: http://italaw.com/documents/Telsimaward.pdf

11.   Обзор судебной практики по делам об оспаривании решений и действий (бездействий) органов государственной власти, местного самоуправления, должностных лиц и государственных служащих за период с 2008 по 1-е полугодие 2011 года. Электронный ресурс: http://www.zakon.kz/4475014-obzor-sudebnojj-praktiki-po-delam-ob.html

12.   Постановление Правительства Республики Казахстан от 1 марта 2012 г. № 275 «О создании Совета по улучшению инвестиционного климата» (с изменениями и дополнениями по состоянию на 08.04.2013 г.) // Информационная система «Параграф», 2013.

13.   Постановление Правительства Республики Казахстан от 30 октября 2010 г. № 1145 «Об утверждении Программы по привлечению инвестиций, развитию специальных экономических зон и стимулированию экспорта в Республике Казахстан на 2010 - 2014 годы» // Информационная система «Параграф», 2013.

14.   Усманов Ш. Краткий обзор рисков, связанных с судебной защитой, которые могут возникнуть в ходе ведения бизнеса в Республике Казахстан и пути их снижения. Электронный ресурс: http://www.gratanet.com/up_files/newsletter_grata_dispute%20resolution_december_2012_rus.pdf

15. Закон Республики Казахстан от 7 июля 2009 г. № 171-IV О ратификации Соглашения между Правительством Республики Казахстан и Правительством Объединенных Арабских Эмиратов касательно строительства комплекса Абу-Даби Плаза, г. Астана, Республика Казахстан // Информационная система «Параграф», 2013.

16. Официальный веб-сайт проекта **Doing Business**
http://www.doingbusiness.org/rankings

www.ingramcontent.com/pod-product-compliance
Lightning Source LLC
Chambersburg PA
CBHW070853180526
45168CB00005B/1795